本书是教育部人文社会科学重点研究基地重庆工商大学长江上游经济研究中心"新发展理念下区域经济理论与实践研究团队"项目、"三峡库区百万移民安稳致富国家战略"服务国家特殊需求博士人才培养项目的阶段性成果

我国雾霾污染的经济成因与治理对策研究

WOGUO WUMAI WURAN DE
JINGJI CHENGYIN YU ZHILI DUICE YANJIU

任毅　东童童　著

中国财经出版传媒集团

经济科学出版社
Economic Science Press

图书在版编目（CIP）数据

我国雾霾污染的经济成因与治理对策研究／任毅，
东童童著．—北京：经济科学出版社，2018.12
ISBN 978 - 7 - 5218 - 0091 - 3

Ⅰ. ①我…　Ⅱ. ①任…　②东…　Ⅲ. ①空气污染 -
污染防治 - 研究 - 中国　Ⅳ. ①X51

中国版本图书馆 CIP 数据核字（2018）第 289618 号

责任编辑：周胜婷
责任校对：李　伟
责任印制：邱　天

我国雾霾污染的经济成因与治理对策研究
任　毅　东童童　著
经济科学出版社出版、发行　新华书店经销
社址：北京市海淀区阜成路甲 28 号　邮编：100142
总编部电话：010 - 88191217　发行部电话：010 - 88191522
网址：www. esp. com. cn
电子邮件：esp@ esp. com. cn
天猫网店：经济科学出版社旗舰店
网址：http://jjkxcbs. tmall. com
固安华明印业有限公司印装
710 × 1000　16 开　10. 75 印张　200000 字
2018 年 12 月第 1 版　2018 年 12 月第 1 次印刷
ISBN 978 - 7 - 5218 - 0091 - 3　定价：56. 00 元
（图书出现印装问题，本社负责调换。电话：010 - 88191510）
（版权所有　侵权必究　打击盗版　举报热线：010 - 88191661
QQ：2242791300　营销中心电话：010 - 88191537
电子邮箱：dbts@ esp. com. cn）

前　言

自 2012 年以来，我国空气质量恶化加速，雾霾污染在全国诸多城市大范围肆虐开来，特别经济发展程度较高的京津冀、长三角及珠三角地区多次出现了大范围的雾霾天气。"雾霾污染""空气质量""PM2.5"和"环境治理"成为社会关注的焦点。中国气象局发布的《2016 年中国气候公报》显示，2016 年我国共出现 8 次大范围、持续性雾霾天气。根据环保部门测算，中国环境污染排放物的 70% 来源于制造业，工业能耗是造成雾霾污染的重要原因之一。2002 年开始，中国工业经济再次重型化，能源消耗和污染排放出现前所未有的规模，加之传统的"三高"发展模式伴随着工业产业集聚发展对能源消费的规模性需求，使我国雾霾污染问题日趋严峻。

党和政府高度重视环境污染问题，党的十八大以来，大气环境治理上升到了新高度。2013 年 9 月国务院颁发的《大气污染防治行动计划》（简称"大气十条"），不仅对各地区大气污染设立了明确的控制目标，而且制定了十大类 35 项具体措施，并提出"到 2017 年全国地级及以上城市可吸入颗粒物浓度比 2012 年下降 10% 以上，优良天数逐年提高"的目标。2016 年 1 月，新修订的《大气污染防治法》正式实施，为治理区域性雾霾和应对重污染天气提供了法制基础。环境保护部于 2017 年 6 月发布的《2016 中国环境状况公报》指出，要继续贯彻落实新发展理念，以改善环境质量为核心，以解决突出环境问题为重点，扎实推进生态环境保护工作。"十三五"规划纲要指出，应以提高环境质量为核心，加大生态环境保护力度，大力推进污染物达标排放以及总量减排，深入实施污染防治行动计划。十九大报告指出要加快生态文明体制改革，推进绿色发展，持续实施大气污染的防治行动，打赢蓝天保卫战。在这一背景下，深入分析工业集聚、工业效率、全要素工业能源效率以及能源消费结构与大气污染之间的作用关系，从工业效率、工业集聚、全要素能源工业效率以及能源消费结构转型的视角探索雾霾污染防治的有效途径，对于破解中国工业经济发展与资源环境之间的矛盾具有重要的现实意义。

本书针对我国雾霾污染的经济成因与治理对策研究的主体内容主要从四个方面加以展开和深入，即：我国雾霾污染的现状分析；工业集聚、工业效率与雾霾污染的关系研究；全要素工业能源效率与雾霾的关系研究；能源消费结构与雾霾的关系研究。

本书关于我国雾霾污染的现状分析，采用描述性统计法，结合我国典型区域——长江经济带对我国雾霾污染现状进行分析，其主要结论可归结为四点。第一，全国PM2.5浓度在2013年之后有所下降，PM10浓度、SO_2浓度以及NO_2浓度总体上呈现出下降的趋势，2013年的PM10浓度有上升。第二，从雾霾污染物分布看，相比西部地区，中东部地区雾霾污染情况更加严重，同时，不同污染物的空间分布也不尽相同，中东地区污染物主要为PM2.5，中西部地区的雾霾污染物主要为PM10、SO_2和NO_2。第三，长江经济带研究结果显示，相比上游地区，长江经济带中下游地区雾霾污染情况更加严重，同时，长江中下游地区污染物主要为PM2.5，长江上游地区的雾霾污染物主要为PM10、SO_2和NO_2。第四，无论从全国范围看，还是从典型区域——长江经济带看，雾霾主要污染物PM2.5、PM10、SO_2和NO_2浓度均表现出显著的空间相关性，全国范围和长江经济带范围的雾霾污染均表现出显著的空间相关性，雾霾污染呈现"一荣俱荣，一损俱损"的发展现状。

本书关于工业集聚、工业效率与雾霾污染的关系研究，首先将西科恩和霍尔的产出密度理论模型进行扩展，构建了雾霾污染、工业集聚与工业效率之间作用关系的理论模型。运用空间计量方法验证了工业集聚对雾霾污染的影响，运用2SLS和3SLS方法对雾霾污染、工业集聚与工业效率的交互影响进行了验证。其主要结论可归结为四点：第一，工业劳动集聚和工业资本集聚会加重雾霾污染程度，而工业产出集聚则会降低雾霾污染程度；当工业劳均产出效率和工业资本利用率作为交互项加入计量模型后，工业劳动和资本集聚对雾霾污染程度有所降低。第二，雾霾污染和工业产出集聚均表现出显著的空间溢出效应，我国雾霾污染严重地区分布在东中部工业省份，但相对于东部和西部地区，中部地区的雾霾污染最为严重。第三，雾霾污染、工业集聚和工业效率之间存在交互作用关系，工业集聚会加重雾霾污染程度，而工业效率则能够降低雾霾污染程度。同时，雾霾污染又会导致工业集聚和工业效率的水平下降；工业集聚和工业效率之间存在相互促进作用。第四，工业效率是作用于雾霾污染和工业集聚之间的重要中介力量，工业效率可以降低工业集聚与雾霾污染的负向作用效果，但工业效率的作用依然不能改变二者相互作用的正负关系。

本书关于全要素工业能源效率与雾霾污染的关系研究，运用 SBM-Luenberger 指数法对中国全要素工业能源效率增长率进行了测算，同时使用 DEA-Malmquist 指数法对长江经济带全要素工业能源效率进行了测算。运用 3SLS 和 GS3SLS 计量方法对全要素工业能源效率增长率与雾霾污染的内生交互作用进行实证检验。其主要结论可以归结为四点：第一，中国全要素工业能源效率增长率以及长江经济带工业能源效率增长率与雾霾污染之间存在显著的内生交互作用，全要素工业能源效率增长的提高能够有效降低雾霾污染水平，雾霾污染增加会导致全要素工业能源效率降低。第二，全要素工业能源效率增长率与雾霾污染均存在显著的空间溢出效应；空间因素能够使二者之间的负向作用进一步增强。第三，相对于东西部地区，中部地区表现出"低效率"与"高污染"并存的发展现状。从雾霾污染的区域看，整个长江经济带均存在雾霾污染问题，其中长江经济带上游地区表现出"低效率"与"高污染"并存的工业环境现状。第四，从影响因素看，雾霾污染与经济发展水平之间存在倒 U 形曲线关系；煤炭能源消费是造成雾霾污染的重要因素，工业生产中煤炭能源使用效率低下成为阻碍全要素工业能源效率提升的重要因素。

本书关于能源消费结构与雾霾污染的关系研究，构建了多维能源消费结构指标，使用 SAR、SEM、SDM、SAC 等空间计量模型从全国层面和典型区域层面实证检验能源消费结构对雾霾污染的影响程度和作用机制，同时使用灰色系统模型中的 GM(1, 1) 模型对中国能源消费总量、能源消费结构以及雾霾污染的主要污染物浓度进行预测。其主要结论可归结为四点：第一，从能源消费结构看，全国范围研究结果显示，相比中西部地区，东部地区能源消费结构更加多样化，对煤炭能源的依赖性更低；长江经济带研究结果显示，相比中上游地区，长江经济带下游地区能源消费结构更加多样化，对煤炭能源的依赖性更低。第二，总体来看，煤炭、汽油和电力三类能源消费均能够在一定程度上加剧全国范围和长江经济带雾霾污染状况。尽管煤炭消费占比最高，但其单位消费占比对雾霾污染的作用低于汽油和电力消费占比的作用。电力消费的单位占比所带来的 PM10 浓度提升最大，汽油消费单位占比所带来的 SO_2 浓度的提升最大。第三，从控制变量看，工业集聚、规模经济、环境规制、经济发展水平、产业结构这五个变量对 PM2.5 浓度、PM10 浓度和 NO_2 浓度的影响较为显著，但作用方向不尽相同。无论是从全国东中西部情况来看还是从长江经济带上中下游来看，同一控制变量对不同地区的雾霾污染物的影响也存在着较大差异。第四，基于灰色预测模型，未来五年间，除煤炭消费总量指标外，全国能源消费总量、汽油消费和电力消费总量指标均呈现明显的逐年增长态势。煤炭消费占比和汽油消费占比均呈现明显的逐年下降趋势，而电力消费占比呈现先增后降的倒 U 形趋势。PM2.5 浓度、PM10 浓度、SO_2 浓度在未来五年内将呈现先增后降的倒 U 形趋势，SO_2 浓度在未来五年内将呈现先增后平稳的趋势。

本书通过对我国雾霾污染和典型区域雾霾污染的现状描述和实证分析，确切把握我国雾霾污染的总体现状和经济成因，依据分析重点建立多个影响因素指标体系，从工业集聚、工业效率、全要素工业能源效率以及能源消费结构等方面分析了我国雾霾污染的经济成因，并探讨了治理我国雾霾污染的若干问题和关键突破口，从区域联防联控、提升工业效率水平、工业集聚水平、全要素工业能源效率水平、能源消费结构等方面最终形成了治理我国雾霾污染的政策启示。

作　者

2018 年 10 月

目　　录

第1章 导 论

1.1 研究问题的提出

20 世纪初，随着工业化进程不断推进，雾霾开始进入人们的视野，给人类带来深重的灾难。1930 年的马斯河谷烟雾事件、1943 年的洛杉矶光化学烟雾事件以及 1953 年的伦敦烟雾事件，使人类社会逐渐认识到雾霾污染的危害，开始重视对雾霾成因以及防治的研究探索。进入 21 世纪以来，中国经济快速发展，经济规模不断扩大，工业化进程已经步入了一个崭新的阶段。2010 年中国 GDP 总量首次超过日本，位列世界第二，仅次于世界头号强国——美国。经济社会的高速发展，随之而来的是严峻的环境污染问题，尤其是大气环境污染。

自 2012 年入冬以来，空气质量恶化加速，雾霾污染在全国诸多城市大范围肆虐开来，特别是经济发展程度较高的京津冀、长三角及珠三角地区多次出现了大范围的雾霾天气。"雾霾污染""空气质量""PM2.5"和"环境治理"成为社会关注的焦点。中国气象局发布的《2016 年中国气候公报》显示，2016 年我国共出现 8 次大范围、持续性雾霾天气。根据环保部门测算，中国环境污染排放物的 70% 来源于制造业，工业能耗是造成雾霾污染的重要原因之一。2002 年开始，中国工业经济再次重型化，能源消耗和污染排放出现前所未有的规模（陈诗一，2010），加之传统的"三高"发展模式伴随着工业产业集聚发展对能源消费的规模性需求，这些都导致我国雾霾污染问题日趋严峻。面对日趋严重的环境问题与经济发展之间的矛盾，党的十八届五中全会指出，坚持绿色发展与可持续发展，是新时期我国经济发展的重要选择和战略方向。在这一背景下，深入分析工业集聚、工业效率、全要素工业能源效率以及能源消费结构与大气污染之间的作用关系，从工业效率、工业集聚、全要素能源工业效率以及能源消费结构转型的视角探索雾霾污染防治的有效途径，对于破解中国工业经济发展与资源环境之间的矛盾具有重要的现实意义。

党和政府高度重视环境污染问题，党的十八大以来，大气环境治理上升到了新高度。2013 年 9 月，国务院颁发的《大气污染防治行动计划》（简称"大气十条"），不仅对各地区大气污染设立了明确的控制目标，而且制定了十大类 35 项具体措施，并提出"到 2017 年全国地级及以上城市可吸入颗粒物浓度比 2012 年下降 10% 以上，优良天数逐年提高"的目标。2016 年 1 月，新修订的《大气污染防治法》正式实施，为治理区域性雾霾和应对重污染天气提供了法制基础。环境保护部于 2017 年 6 月发布的《2016 中国环境状况公报》指出，要继续贯彻落实新发展理念，以改善环境质量为核心，以解决突出环境问题为重点，扎实推进生态环境保护工作。在这样的大背景下，如何协调经济发展与环境治理之间的关系，已经成为我国面临的一项艰巨挑战。

2016 年 1 月，习近平总书记在重庆召开推动长江经济带发展座谈会时指出，当前和今后相当长一个时期，要把修复长江生态环境摆在压倒性位置。长江素有"黄金水道"的美誉，是我国东部、中部、西部要素流动、物资流动、人才流动、信息流动的大通道，沿江地区资源丰裕度高，市场需求潜力大，加上得天独厚的水陆纵横物流体系，使得这一区域汇聚我国一大批钢铁、汽车、电子、石化等现代工业。工业产业的繁荣发展引致能源消费的急剧攀升，而工业部门高投入、高排放和高能耗的传统发展模式给长江经济带也带来日益严重的生态环境问题。近年来，长三角地区、中三角地区、成渝地区等长江沿线城市群频频出现雾霾天气，更是对这一区域的生态安全、经济发展、公共健康等方面形成了重要挑战。因此，长江经济带作为中国生态环境与工业能源转型升级的典型地区，其雾霾污染治理问题在全国范围来看具有重要的实践意义和理论研究价值。

众所周知，雾霾污染与不合理的产业结构、能源结构以及粗放型的发展方式有密切关系，但鲜有学者从工业集聚的角度研究雾霾污染的发生与作用关系。我国雾霾污染严重的地区主要分布在长江以北的东中部地区，而这些地区同时又是我国工业经济的集聚区。环保部门测算，造成我国环境污染的所有排放物中70%来源于制造业。因此，从总体上来讲，中国工业排放仍是雾霾污染的重要来源。同时，雾霾污染问题的出现并非个别区域或分散发展，而是成片集中分布于某些区域，这说明雾霾污染问题具有很强的空间依赖性。由此可见，雾霾污染与工业集聚和工业效率之间存在必然的联系，严重的雾霾污染问题也会对经济发展产生一系列影响。那么，工业集聚和工业效率对雾霾污染的影响作用有多大？雾霾污染又会对工业集聚和工业效率存在何种影响？它们之间的交互影响如何？这些问题是学术界关注的热点，也是现实中亟待回答和解决的问题。

工业能源消耗与工业能源效率密不可分，较高的能源利用效率可以有效降低能耗，从而降低污染排放。面对日趋严重的环境问题与经济发展之间的矛盾，党的十八届五中全会指出，坚持绿色发展与可持续发展，是新时期我国经济发展的重要选择和战略方向。长江经济带在实现经济快速发展的同时，传统高投入、高排放、高耗能的粗放型发展方式严重制约了该区域生态环境发展，全要素工业能源效率低下已成为区域环境问题恶化的主要因素。在这一背景下，分析和探讨全国和长江经济带工业能源效率与大气污染之间的作用关系，对于协调中国工业经济发展与环境污染治理的关系，同时分析和探讨全国和长江经济带雾霾污染与全要素工业能源效率的作用关系，加深全国和长江经济带经济社会发展与资源环境矛盾的认知，以及寻求破解工业经济发展与资源环境的矛盾，具有重要的现实意义。

中科院对PM2.5构成成分的研究成果表明，低效率燃煤所形成的CO_2、SO_2及烟尘排放，是导致雾霾污染的主要原因。我国能源储备基本情况是多煤、少油、缺气，能源储备结构决定我国以煤炭资源为主的能源消费结构。根据2016年的《中国能源统计年鉴》，长江经济带工业能源消费的71%来自煤炭，清洁能源的使用比例不高。由此可见，以煤炭为主的能源消费结构是产生城市雾霾天气的根源。经济发展离不开能源消费，破解生态环境与经济社会协调发展难题，能源消费结构必须转型发展。通过分析雾霾污染与能源消费结构间的相关关系，降低煤炭消耗比例以及加强煤炭高效利用来有效地降低 PM2.5、PM10 等的排放量，进而缓解雾霾污染，不仅有助于保护环境、增进人民福祉，而且对于我国生态文明建设具有不可估量的现实意义。随着长江经济带雾霾污染态势日趋严重，以煤炭为主的能源消费结构已不能适应当前长江经济带开放开发战略，长江经济带如何突破雾霾污染所形成的发展瓶颈已成为全社会高度关注和普遍担忧的问题。

1.2　研究目的与意义

对日趋严重的环境问题与经济发展之间的矛盾，国务院 2011 年 12 月印发的《国家环境保护"十二五"规划》再次重申加快资源节约型、环境友好型社会建设的重要性。自十八大将生态文明建设纳入"五位一体"总体布局以及十八届三中全会提出的关于生态文明建设指导思想以来，生态文明建设已上升到国家战略的高度。党的十八届五中全会指出，坚持绿色发展与可持续发展，是新时期我国经济发展的重要选择和战略方向。十九大报告指出要加快生态文明体制改革，推进绿色发展，持续实施大气污染的防治行动，打赢蓝天保卫战。"十三五"规划纲要指出，应以提高环境质量为核心，加大生态环境保护力度，大力推进污染物达标排放以及总量减排，深入实施污染防治行动计划。在这一大背景下，工业集聚和工业效率对雾霾污染的影响作用有多大？雾霾污染又会对工业集聚和工业效率存在何种影响？它们之间的交互影响如何？分析和探讨工业能源效率与大气污染之间的作用关系，探讨能源消费结构对雾霾污染的影响程度，通过对能源消费、雾霾污染综合指标的统计预测与分析，探索提升我国工业效率水平、工业集聚水平、全要素工业能源效率水平、优化能源消费结构和治理雾霾污染的路径，对于破解中国工业经济发展与资源环境之间的矛盾具有重要的现实意义。

本书的研究意义主要体现在以下三个方面：首先，我国区域开发思维正经历从"开发中保护"到"保护中开发"的转折期，当前对现实问题仍缺乏理论基础和实证检验，本课题的研究是对我国生态文明建设理论的有效补充，并有利于进一步探索区域经济学、环境经济学交叉视角在区域开发中的应用。其次，紧密围绕十九大报告和国家"十三五"规划中有关生态文明的发展理念，通过分析典型区域全要素工业能源效率与能源消费结构对雾霾污染的影响，提出治理雾霾污染的对策建议，对其他区域经济社会发展和生态保护的协调发展具有示范性。最后，以雾霾污染治理为目标，以国情与发展作为路径选择和政策取向的出发点，探索提升工业集聚水平、工业效率水平、全要素工业能源效率水平和优化能源消费结构转型升级路径，提出雾霾污染治理的对策建议，并为区域范围内联合治污问题的破解提供相应的参考。

1.3　研究思路与主要内容

本书考察工业集聚、工业效率、雾霾污染的交互影响，探讨全要素工业能源效率与雾霾污染的交互作用，理清能源消费结构对雾霾污染的影响关系。首先分析我国雾霾污染的现状特征与空间分布，基于我国工业集聚、工业效率现状，构建联立方程和空间计量模型分析工业效率、工业集聚、雾霾污染的交互影响。然后，基于我国工业能源效率现状，在对工业能源效率进行测度的基础上使用普通面板联立方程和空间联立方程考察工业能源效率与雾霾污染的交互作用；基于我国能源消费结构和雾霾污染现状，测度分析能源消费结构对雾霾污染的影响机理，借助面板回归及空间计量等统计方法深入分析能源消费结构对雾霾污染的影响，并对能源消费、雾霾污染综合指标进行统计预测与分析。最后得出结论并提出针对性的意见和建议，探索提升我国工业效率水平、工业集聚水平、全要素工业能源效率水平、优化能源消费结构和治理雾霾污染的有效路径，为政府相关部门提供政策参考和决策依据。

本书共有 7 章，主要研究内容与结构安排如下：

第 1 章，导论。主要概括本书的选题背景、研究目的与意义、研究思路与内容安排、研究方法、研究特色与创新之处等。

第 2 章，文献回顾与评述。对相关文献进行梳理和归纳，主要对雾霾污染的测度研究、雾霾污染的形成诱因以及雾霾污染的治理对策等方面的研究进行文献梳理，对有借鉴意义的研究内容进行归纳，最后对已有的研究进行文献述评分析。

第3章，我国雾霾污染的总体测度。首先对雾霾污染的内涵、成因和危害进行阐述，然后系统整理雾霾污染相关数据，分析我国雾霾污染的现状特征和空间分布，并使用探索性空间数据分析方法对我国雾霾污染的空间相关性进行分析，最后分析我国典型区域雾霾污染的现状特征和空间分布，对我国典型区域雾霾污染的空间相关性进行考察。

第4章，工业集聚与雾霾污染的关系研究。拓展西科恩和霍尔（Ciccone & Hall）的产出密度理论模型，将雾霾污染作为工业活动的副产品纳入产出密度模型中，推导出雾霾污染与工业集聚以及雾霾污染、工业集聚、工业效率的交互影响的理论模型。采用空间滞后模型（SAR）、空间误差模型（SEM）、空间杜宾模型（SDM）考察工业产出集聚、工业劳动集聚和工业资本集聚对雾霾污染的影响；并运用2SLS和3SLS方法对雾霾污染、工业集聚、工业效率的交互影响进行验证。

第5章，全要素工业能源效率与雾霾污染的关系研究。运用SBM-Luenberger指数法对中国全要素工业能源效率的增长率进行测度，运用3SLS和GS3SLS方法对雾霾污染与全要素工业能源效率增长的内生交互作用进行实证检验。同时考察我国典型区域全要素工业能源效率与雾霾污染之间的关系，运用DEA-Malmquist指数法对长江经济带全要素工业能源效率进行测度，运用空间联立方程对全要素工业能源效率与雾霾污染的交互作用进行分析。

第6章，能源消费结构与雾霾污染的关系研究。对我国能源消费结构的现状特征和空间分布以及典型区域能源消费结构的现状特征和空间分布进行分析，基于空间滞后模型（SAR）、空间误差模型（SEM）、空间杜宾模型（SDM）、空间自相关模型（SAC）实证分析全国以及典型区域能源消费结构对雾霾污染的影响程度和作用机制。根据中国当前的能源消费结构现状，对能源消费结构变化趋势进行分析，基于灰色系统模型中的 GM(1，1) 模型对中国能源消费总量、能源消费结构以及雾霾污染的主要污染物浓度进行预测。

第7章，我国雾霾污染治理对策研究。探讨在工业集聚、工业效率、全要素能源工业效率以及能源消费结构视角下，我国雾霾污染面临的若干问题和关键突破口，从区域联防联控、提升工业集聚与工业效率水平、提升全要素工业能源效率、调整能源消费结构、重视产业结构调整、优化城市空间布局、提升环境治理投资比重、优化外商投资结构等方面提出我国雾霾污染治理的对策建议。

1.4　研究方法

（1）规范分析和实证分析相结合。

本书将规范分析和实证分析两方法有机结合，既注重对研究对象的客观分析和描述，也注重对研究对象的理性分析和判断。对雾霾污染的含义、成因和危害以及雾霾污染的现状等问题以规范分析为重点；对我国工业集聚、工业效率、全要素工业能源效率、能源消费结构对雾霾污染影响的分析则以实证的计量经济学分析为主，并力图实现规范分析与实证分析的相互补充和有机结合。

（2）定性分析与定量分析相结合。

我国雾霾污染的经济成因研究是一个比较复杂的问题，本书选取了多个影响因素，在理论上解释清楚，在数量关系上准确描述分析。在研究过程中，运用定性分析方法从理论上解释工业集聚、工业效率、工业能源效率与雾霾污染之间的逻辑关系，而且建立计量经济模型，分析描述变量之间的内在关系。对于一些复杂的问题，单纯依靠数学推导是无法完成的，还需要辅以理性思维为主的定性分析。本书将定性分析与定量分析结合起来，对我国雾霾污染的经济成因进行全面的探索与研究。

（3）模型构建法。

构建空间计量模型分析工业集聚对雾霾污染的影响；采用普通面板联立方程模型考察工业集聚、工业效率、雾霾污染的交互影响；构建空间联立方程实证分析全要素工业能源效率与雾霾污染之间的交互影响；构建空间计量模型，实证分析能源消费结构对雾霾污染的影响程度、作用机制；基于灰色系统模型中的 GM(1，1) 模型对中国能源消费总量、能源消费结构以及雾霾污染的主要污染物浓度进行预测。根据研究主旨进一步对模型进行调试，改善模型构建上的缺陷，使各研究模型更具有可行性。

（4）比较分析法。

在方法上，比较各计量模型的分析优势和劣势；在效果上，比较工业产出集聚、工业劳动集聚、工业资本集聚对雾霾污染的影响，比较能源消费结构对雾霾污染的三种影响，以及能源消费结构变化轨迹对雾霾污染预测的不同影响；在空间上，比较各区域工业集聚、工业效率、全要素工业能源效率以及能源消费结构对雾霾污染影响的异质性。

（5）系统分析方法。

系统分析方法是把研究对象放在系统中去考察与分析的一种方法，是反映客观整体性的思维方式。本书把我国雾霾污染的经济成因与治理对策作为一个复杂的系统来进行研究，综合运用区域经济学、产业经济学、环境经济学、计量经济学、统计学等的理论与方法，开展多学科的综合系统研究。

1.5　研究的创新之处

本书的研究特色与创新之处在于：

第一，既有研究较少从理论模型推导入手，剖析雾霾与经济现象之间的作用机制，本书将从理论模型中推导出雾霾污染与工业集聚和工业效率之间的作用关系，运用联立方程模型和空间计量模型对雾霾污染、工业集聚和工业效率之间的相互作用进行实证检验，本书丰富了现有的研究内容，具有一定的启发性。

第二，直接研究全要素工业能源效率与雾霾污染（PM2.5）关系的文献尚不多见，对二者理论关系的分析较少涉及，实证分析往往忽略了空间因素而使结果存在一定偏误。本书从理论层面对二者作用关系进行分析，运用空间计量方法对雾霾污染与全要素工业能源效率增长的关系进行实证检验。

第三，基于雾霾治理目标，根据我国能源统计指标体系，本书建立能源消费结构复合型指标，克服了以煤炭消费占比为代表的单一型指标的缺陷，新的能源消费结构复合型指标包含了各类能源消费结构的信息，信息量更大、更全面，指标立意更加明确。本书从静态、动态、空间三重维度建立能源消费结构对雾霾污染影响的分析机制，从统计模型角度设定能源消费结构对雾霾污染影响的理论预测机制，分析视角更加全面，理论关系更为清晰。

　　第四，本书综合运用多种计量模型和方法，包括普通面板联立方程，空间联立方程以及空间滞后模型（SAR）、空间误差模型（SEM）、空间自相关模型（SAC）以及空间杜宾模型（SDM）等计量模型，深入探究相关经济因素对雾霾污染的影响，剖析我国雾霾污染的经济成因，试图解决我国经济社会发展与环境协调发展问题，探索建立行之有效的治霾对策。

第2章　文献回顾与评述

2013 年，我国爆发了 52 年以来史上最为严重的雾霾天气，雾霾波及 25 个省份，100 多个大中型城市。[①] 直到现在，雾霾污染仍然是人们心中挥之不去的阴影，以 PM2.5 为首的雾霾污染严重威胁着人类的健康和环境问题，学者对雾霾污染问题的研究也逐步增加。近几年，雾霾污染频频发生，不仅影响了人们的日常生活和身体健康，其经济成本也逐年增加，防治雾霾污染已成为热点问题。社会经济因素是导致雾霾污染爆发的根本原因，国内外学者针对雾霾污染问题的影响因素进行了多方面研究，在不同的视角下运用多种研究方法进行了探讨，研究领域不断扩展，研究内容不断深化。

2.1　雾霾污染的测度研究

关于大气污染与经济问题关系的研究视角较为广泛。弗兰克等（Frank et al.，2001）选取了欧盟地区 200 个集聚区为研究对象，研究结果发现经济集聚是造成大气污染的重要原因。费尔赫夫和尼吉坎普（Verhoef & Nijkamp，2002）的研究指出，工业集聚会产生负外部性从而导致大气污染问题。国内学者的研究也普遍认为集聚是造成大气污染的重要因素（沈能，2010；朱英明等，2012；许和连，邓玉萍，2012）。关于大气污染与外商投资的关系研

---

① 资料来源：2013 年全国遭史上最严重雾霾天气创 52 年以来之最 . 新蓝网综合，http：//www.cztv. com/travel/zx/2013/12/2013 – 12 – 304207799. html?eolbn.

究，学术界的观点存在分歧。有学者认为，FDI 的增加可以有效抑制环境污染程度的加深（Liang，2006；Kirkulak et al.，2010）。此观点认为，外商企业会更多采用清洁技术，同时这些清洁技术会扩散到内资企业，提高国内环境绩效（Christmann & Taylor，2001；Prakash & Potoski，2006）。另一些研究指出，FDI 会使得当地环境情况恶化（马丽等，2003；沙文兵，石涛，2006）。格罗斯曼和克鲁格（Grossman & Krueger，1991）最早对环境库兹涅茨曲线的作用关系进行了论述，指出经济发展一方面需要更大规模的资源投入，另一方面又促进科技进步，这二者共同作用决定了经济发展与环境质量之间的倒 U 形关系。也有学者指出，经济增长对环境污染的影响并不确定，这取决于指标与估计方法的选取（彭水军，包群，2006）。有研究指出，城市化是造成环境库兹涅茨曲线的原因之一（江笑云，汪冲，2013），不同污染物与城市化水平之间分别存在 U 形和倒 U 形关系（杜江，刘渝，2008）。国内外一些学者从空间溢出角度研究了污染问题，研究普遍认为大气污染具有显著的空间溢出效应（Rupasingha et al.，2004；Poon et al.，2006；Maddison，2007；Hosseini et al.，2011；马丽梅，张晓，2014a，2014b）。

国外学者较早对能源效率的概念进行了界定（Patterson，1996；Bosseboeuf，1997），在此基础之上，国内学者对能源效率的内涵进行了扩展，认为能源效率应当包括能源要素利用效率、能源要素配置效率、能源要素经济效率等概念（魏楚，沈满洪，2008）。胡金力和王世川（Hu & Wang，2006）构建了全要素能源效率分析框架，许多学者运用这一分析方法对中国能源全要素生产率进行测定（屈小娥，2009）。有学者将污染排放看作一种非合意产出引入模型，为能源效率的测定提供了一种新方法，并为学术界广泛采用（Fare et al.，2001；Wu et al.，2012；沈能，2014）。

李国璋和霍宗杰（2009，2010）以及李国璋等（2009，2010），对全要素能源效率与环境污染的关系进行了研究。研究发现，全要素工业能源效率低下是造成环境污染的主要因素之一，全要素工业能源效率的短期波动能够有效降低环境污染造成的经济损失。现有研究鲜少直接就全要素工业能源效率与环境污染关系问题进行研究。关于二者之间的关系，现有研究主要从两个视角开展研究。一是从环境规制视角对全要素工业能源效率进行研究，二是从工业能源消费结构与环境污染的关系视角进行研究。

许多学者将环境污染作为非合意产出，测定了环境规制下全要素工业能源效率及其增长，从这一视角对环境污染与工业能源效率之间的关系进行分析和讨论。现有研究普遍认为，环境规制下的全要素工业能源效率明显偏低，环境污染是造成全要素工业能源效率水平低下的重要因素（王喜平，姜晔，2013；朱德米，赵海滨，2016；He et al.，2013；Wang et al.，2012）。一些学者对能源消费和能源结构与环境污染之间的关系进行了研究，研究发现以煤炭为主的能源消费和能源结构是造成环境污染的重要因素（Yang，2010；胡宗义，刘亦文，2015；马丽梅等，2016）。还有一些学者对能源效率、能源消费结构与大气细颗粒物污染的关系进行分析，指出中国的经济发展是建立在大规模能源和资源消耗基础之上的，粗放型的发展方式导致的低下的能源与资源利用效率是导致大气细颗粒物污染的主要因素；同时指出，长期看，改变能源消费结构、优化产业结构是治理雾霾的关键所在（茹少峰，雷振宇，2014；马丽梅，张晓，2014；刘强，李平，2014）。

直接从经济学视角研究雾霾污染与能源消费结构关系的文献较少，近几年才出现少量研究，更多学者是从环境污染与能源消费结构关系的视角开展相关理论和经验研究。任继勤等（2015）对北京市终端能源消费与大气环境关联度的研究发现，工业和商业部门的能源终端消费与大气环境关联较大，并指出应控制商业部门的污染排放，优先采用生物质能源和可再生能源等对能源消费结构进行调整。余江和张凤青（2016）考察了煤炭消费对中国PM2.5的影响，发现煤炭消费比重和煤炭消费量与PM2.5呈显著的正相关，提高能源效率有利于降低PM2.5污染。张文静（2016）分析了能源消费与大气污染的互动关系，认为能源消费是造成大气污染的根本原因，加大科研经费投入有利于降低能源消费和污染排放。多数学者认为，我国以煤炭能源消费为主的能源消费结构是造成雾霾污染的主要原因，促进技术进步、采用替代性清洁能源、调整能源消费结构是治理雾霾的根本途径（魏巍贤，马喜立，2015；何小刚，2015；马丽梅等，2016）。也有一些学者认为，能源消费结构与雾霾污染之间的作用关系并不显著，采用不同指标测算会得到相异的结果，并且二者存在显著的区域性差异（冷艳丽，杜思正，2015；刘晓红，江可申，

2016；冷艳丽，杜思正，2016）。

一些学者对能源消费与碳排放的关系进行了研究。杰西等（Jessie et al.，2006）考察了中国能源消费对 SO_2 和烟尘颗粒污染排放的影响，研究发现，能源消费造成的烟尘颗粒排放比 SO_2 排放更能造成污染环境问题。王韶华和于维洋（2013）的研究测算了一次能源消费结构变动对碳强度影响的灵敏度，认为煤炭消费是推动碳强度增长的主要因素，而核电和水电是抑制碳强度增长的主要因素。布里根（Bilgen，2014）检验了能源消费与温室气体排放之间的关系，认为能源消费结构所带来的 SO_2、NO_2 和 CO_2 的排放条件影响着全球气候的改变，技术和创新是解决可再生能源的关键性因素。米志富等（Mi et al.，2014）以北京为研究对象，发现产业结构调整能够带来较大的节能减排效应，提高低能耗密集型和低碳密集型产业是节能减排的有效手段，合理的产业结构调整有利于降低能源强度且不会对经济增长产生负面影响。

2.2　雾霾污染的形成诱因研究

国内外学者对较多的雾霾污染影响因素进行了分析，如对外开放水平、能源消费结构、产业结构、技术进步、经济增长、城镇化等因素。

一些学者研究发现 FDI 造成了"污染天堂"现象（冷艳丽等，2015；严雅雪和齐绍洲，2017）。严雅雪和齐绍洲（2017）研究表明，在我国，外商直接投资与雾霾污染之间存在正相关关系，FDI 对中部城市雾霾污染的增促效应最为明显，对东部城市的增促效应相对较小，对西部城市的影响不显著；他们还认为，无论是 FDI 存量的提升还是 FDI 流量的提升都造成 PM2.5 浓度的升高。冷艳丽等（2015）认为，FDI 与雾霾污染之间存在正相关关系，对不同区域之间的影响也存在差异。另外一些学者研究表明 FDI 并没有造成"污染天堂"现象（姜磊等，2018；李力等，2016）。姜磊等（2018）认为，外商直接投资对长江中游城市群和东北城市群的空气质量具有明显的改善作用，对成渝城市群和山东半岛的改善作用不明显。李力等（2016）发现，外商直接投资和三大产业的外商直接投资都有利于改善珠三角地区的雾霾污染。

　　王惠君等（Wang et al.，2015）研究发现，雾霾污染加重主要是由工业生产中煤炭消费量攀升导致的。煤炭消费占比的提升加剧了雾霾污染。从短期上看，加大优质煤的使用是减少雾霾污染的唯一途径；从长期上看，能源消费结构的调整是治理雾霾污染的关键（马丽梅和张晓，2014；马丽梅等，2016）。魏巍贤和马喜立（2015）对能源结构与治理雾霾的最优政策进行了探讨，认为改善我国的能源结构和提升技术水平才是雾霾治理的根本手段，并提出了我国雾霾污染治理的最优政策。陈诗一和陈登科（2016）基于核算分析框架和联立方程模型测算了主要污染物对雾霾污染的贡献度，认为煤炭消费产生的污染物是雾霾污染 PM2.5 的首要贡献者。唐登莉等（2017）认为能源消费的增加会加剧雾霾污染，能源消费对东部和中部地区雾霾污染的正向影响显著，能源消费对西部地区雾霾污染的正向影响不显著。能源价格扭曲和煤炭消费量的增加对雾霾污染具有正向的影响作用（冷艳丽和杜思正，2016）

　　冷艳丽和杜思正（2015）考察了我国产业结构对雾霾污染的影响，研究发现产业结构对雾霾污染具有显著的正向影响，随着工业占 GDP 比重的不断提升，雾霾污染会不断恶化。杨奔和黄浩（2016）认为第二产业中钢铁、水泥和石化等高污染、高排放工业给京津冀地区的生态环境造成了巨大压力，河北省第二产业占比过高，京津冀缺乏有效的产业规划，这些无疑是导致京津冀地区雾霾污染严重的重要原因之一。方时姣和周倩玲（2017）着重讨论了产业结构和能源消费对我国雾霾污染的影响，工业产业增加值占 GDP 比重的提升对雾霾污染会产生正向的促进作用，经济距离权重矩阵下产业结构对雾霾污染影响的系数较大。马丽梅和张晓（2014）认为产业转移会加深省份之间雾霾污染的空间联动性，产业结构的变动与雾霾污染水平息息相关。何枫和马栋栋（2015）认为工业增加值占 GDP 比重的提升会导致雾霾污染天数的增加。

　　魏巍贤和马喜立等（2015）认为技术进步和能源结构调整才是治理雾霾污染的根本手段，可见技术水平的提升对治理雾霾污染的关键性作用。邵帅等（2016）将技术进步指标分解为研发强度和能源效率两个指标，研究发现研发强度的提升会加剧雾霾污染，能源效率与雾霾污染之间存在着不显著的负相关关系，研发强度和能源效率的增强并没有发挥出本来应有的减霾效应。刘晨跃和尚远红（2017）认为技术进步对雾霾污染具有显著的负向影响，我国技术进步有利于改善雾霾污染天气，从分区域来看，除了西部地区，技术进步对东部、中部、南部和北部地区的雾霾污染都具有显著的抑制作用，对不同地区之间的影响存在一定的区域差异。

邵帅等（2016）认为经济增长与雾霾污染之间存在不显著的倒 N 形关系，经济增长与雾霾污染之间存在者显著的 U 形关系，认为 EKC 假说在我国不成立，大多数东部省份都位于 U 形曲线的右半部分，即经济增长会加剧雾霾污染。马丽梅和张晓（2014）实证表明经济增长与雾霾污染之间的倒 U 形关系并不存在，我国雾霾污染与经济增长之间存在显著的正向线性关系。王星（2016）基于我国省会城市的面板数据，认为无论是从全国整体来看还是从三类城市地区来看，经济增长与雾霾污染之间呈现出显著的 U 形关系。严雅雪和齐绍洲（2017）结合动态空间面板模型分析了外商直接投资等对雾霾污染的影响，研究结果表明经济增长与我国雾霾污染之间存在微弱的 U 形关系。刘晓红和江可申（2017）认为经济增长和城镇化都与我国雾霾污染之间存在着倒 U 形关系。王星（2015）基于 EKC 理论和脱钩理论，考察了我国雾霾污染与经济增长之间的关系，其结果表明 NO_2、SO_2 和 PM10 与经济增长之间分别呈现出 U 形、倒 U 形和倒 N 形关系。张生玲等（2017）认为我国经济增长与雾霾污染之间呈现出倒 U 形关系，与 EKC 假说相符合。张明和李曼（2017）研究表明，从全国来看，经济增长与雾霾污染之间存在显著的 U 形关系；从东、中、西三大区域来看，经济增长与雾霾污染之间呈现出显著的倒 U 形关系。

马晓倩等（2016）认为，社会经济因素才是导致京津冀地区雾霾污染频发和严重的根本原因，气象等自然因素只是影响雾霾污染的重要因子。李晓燕（2016）对京津冀地区雾霾污染的影响因素进行了实证分析，认为汽车尾气对河北省雾霾污染的影响最大，建筑业粉尘对京津冀地区雾霾污染的影响最大。随着城市化水平的提升，雾霾污染 PM2.5 浓度也会上升（刘伯龙等，2015；刘晓红和江可申，2016）。也有不同的学者得出了不同的结论，认为城市化水平的提升会对雾霾污染具有显著的抑制作用（梁伟等，2017）。年均降雨量的多少也会影响雾霾污染的水平（周景坤，2017），控制节假日和气象条件的情况下，冬季供暖会使雾霾污染加剧约 20%（陈强等，2017）。财政分权度的提高对本地区和周边地区雾霾污染都具有正向影响（黄寿峰，2017），也有学者认为财政分权与雾霾污染之间呈现出 U 形关系（陶爱萍等，2017）。

2.3　雾霾污染的治理对策研究

马丽梅和张晓（2014）认为从长期来看，改变我国的能源消费结构是治理雾霾污染的关键，应加大太阳能、风能等新能源的利用；从短期来看，在能源消费结构很难改变的情况下，加大优质能源的使用，特别是优质煤的使用是减少雾霾的唯一途径。魏巍贤和马喜立（2015）认为调整能源消费结构，即降低煤炭在一次能源消费中的比重，提升清洁能源比重，应当依靠长效的经济机制，而不是短期的行政手段。应通过政府补贴扶持清洁能源的发展，政府应重点发展技术含量好、附加值高、符合环保要求的产品，重点发展投入成本低、去除率高的污染治理适用技术。通过排污收费和碳税制度倒逼企业技术升级，碳税收入可用于清洁能源投资，从而有利于改善我国煤炭占比过高的能源消费结构。邵帅等（2016）指出，应通过市场性的环境规制手段，倒逼能源结构的绿色升级，实施区域煤炭消费总量控制，推进煤炭的清洁化利用，并通过适当的财税优惠政策引导企业积极开展绿色技术创新活动，加大政府对节能减排和污染防治技术研发的支持力度，并推进能源价格的市场化改革以有效抑制能源回弹效应，依靠市场化机制实现绿色清洁能源对传统化石能源的逐步替代。

冷艳丽和杜思正（2015）认为应加快对产业结构的调整优化，利用高新技术对传统产业进行改造升级，促进低碳和清洁生产。沿海地区产业结构和城市化以及二者的交互项对雾霾污染的正向影响均大于内陆地区，在治理雾霾污染的过程中应注意这一区域差异特征，要平衡好各地区的产业布局和城市发展规划，实现好区域协调发展。刘晓红和江可申（2016）提出，各区域应实施有差异化的产业政策，我国东部地区要重点发展高技术产业和先进的制造业，同时大力发展现代服务业，推动产业结构优化升级，中部地区要优化第二产业结构，进行工业重构。西部地区应加速降低第二产业比重，优化产业结构的任务最为亟须。王美霞（2017）指出，要以推进供给侧改革为主要目标，在优化产能过剩的同时提高供给质量和效率，要通过市场化的手段，彻底淘汰高能耗、高污染产业，实现产业结构调整和优化升级，以推动制造业智能化、绿色化、服务化发展为着力点，促进产业向中高端发展。

刘晓红和江可申（2016）认为我国总体要减缓城镇化进程，同时，在综合考虑环境的基础上，对城镇发展进行合理的规划。对城镇土地的使用进行全面、有效的设计，建立科学、合理的公共交通运输服务系统，以减少对大气环境的污染。政府应发展公共交通，包括增加公共交通路线，提高公共交通服务质量，建立四通八达的公共交通网络，以方便居民的出行，减少私家车的使用。刘晨跃和徐盈之（2017）指出，应结合各地区实际情况制定出合理而适中的城镇化推进策略以及具体的实施细则，立足于人口、土地和产业等多维视角来完善雾霾污染治理的城镇化效应和机制。根据各区域城镇化对雾霾污染作用路径与机制的异质性，实行具有针对性和差异化的城镇化路径。有的放矢地调整城镇化策略以有效控制我国雾霾污染程度，治理雾霾污染还要尽量遵循产业演进规律，减少政府经济发展和城镇化进程的不合理干预，适度推动产城融合。

李力等（2016）指出要结合自身经济发展水平和雾霾污染的实际情况给予不同的引资政策导向，尤其是要注重先进绿色技术或清洁生产技术的引进，严格限制外资企业投资到高耗能、高污染行业，政府需要制定严格的环境准入标准，有选择地引入高效益、高质量的外资，以实现外资和内资的有效结合。还需要建立有效的激励机制，对外资的技术创新和环境保护行动基于相应的优惠和奖励。严雅雪和齐绍洲（2017）指出应一如既往地吸引优秀外资，促进优质的 FDI 对中国技术进步所产生的直接和间接的辐射效应和示范效应，并将雾霾污染（PM2.5）作为新的污染指标纳入甄别优质 FDI 的评价分析中，中西部地区要规避"向底线赛跑"，地方政府完善和加强对地方政府的规制是规避"向底线赛跑"的有效措施。姜磊等（2018）提出在大力引进外资的同时应加强相应的管理措施，应加大高端行业外资的进入，政府在大力引进外资的同时必须将环境因素考虑在内，限值高污染行业的外资流入，同时也要注意现有产业的升级和改造，加强环境监管。

马忠玉和肖宏伟（2017）认为应坚持创新发展，培育治污减霾的持续动力。一方面，要大力推广煤炭清洁高效利用、大气污染排放净化、新能源汽车普及等有助于较少雾霾的技术应用，利用大数据技术深入开展 PM2.5 来源的解析研究；另一方面，要加大对雾霾高效治理技术的研发投入，做好雾霾浓度控制的技术储备。陶爱平等（2017）提出要深化财政分权制度改革，中央政府要深化财政分权制度的改革实践，探索最适宜国民经济发展和环境治理的财政分权体系，在当前，可适当提高财政分权的整体水平，进而提高地方政府的治霾偏好。优化产业结构的财政实施方向，增加绿色科技研发投入以及环境治理、监管投入，平衡经济增长与环境保护的关系。李欣等（2017）认为，公众参与对雾霾污染治理起到至关重要的作用，因此，雾霾污染治理还要靠公众和网络媒体的力量。首先，应加强环保宣传，提升公众的环境保护意识，在宣传方式上，除了依靠电视、广播、报纸等传统手段外，更要借助网络媒体的宣传作用，其次，有效规范互联网传播平台，促使互联网媒体能够合法地传递公众的环保诉求，最后，应推进环境信息公开建设。

2.4 文献评述

综上所述，随着雾霾污染问题的逐步凸显，关于雾霾污染的研究逐渐增多，既有的研究较少从理论模型推导入手剖析雾霾与经济现象之间的作用机制，实证分析多从单向影响关系入手进行分析，少有研究雾霾与经济现象之间交互作用关系的文献。直接研究全要素工业能源效率与雾霾污染（PM2.5）关系的文献尚不多见，对二者理论关系的分析较少涉及，实证分析往往忽略了空间因素而使结果存在一定偏误。现有研究构建的能源消费结构指标是煤炭消费总量占能源消费总量的比重，构建的能源消费结构指标比较单一，无法全面反映能源消费对雾霾污染的影响。

针对已有研究存在的不足，本书主要对以下四个方面进行深化与拓展：

第一，本书将从理论模型中推导出雾霾污染与工业集聚和工业效率之间的作用关系，运用联立方程模型和空间计量模型对雾霾污染、工业集聚和工业效率之间的相互作用进行实证检验，本书丰富了现有的研究内容，具有一定的启发性。

第二，本书从理论层面对全要素工业能源效率与雾霾污染之间的作用关系进行分析，运用空间计量方法对雾霾污染与全要素工业能源效率增长的关系进行实证检验。

第三，建立能源消费结构复合型指标，克服了以煤炭消费占比为代表的单一型指标的缺陷，新的能源消费结构复合型指标包含了各类能源消费结构的信息，信息量更大、更全面，指标立意更加明确。从静态、动态、空间三重维度建立能源消费结构对雾霾污染影响的分析机制，从统计模型角度设定能源消费结构对雾霾污染影响的理论预测机制，分析视角更加全面，理论关系更为清晰。

第四，本书综合运用多种计量模型和方法，包括普通面板联立方程，空间联立方程以及空间滞后模型（SAR）、空间误差模型（SEM）、空间自相关模型（SAC）以及空间杜宾模型（SDM）等计量模型，深入探究相关经济因素对雾霾污染的影响，剖析我国雾霾污染的经济成因，试图解决我国经济社会发展与环境协调发展问题，探索建立行之有效的治霾对策。

第3章 我国雾霾污染的总体测度

3.1 雾霾污染的界定

雾霾是气象科学中的一种天气现象，是雾和霾的总称。大气环境科学将相对空气湿度高于90%时大气能见度低的现象叫作雾，大雾的形成原因是空气中细小的水滴含量过多；相对湿度低于80%的大气低能见度现象叫作霾，霾又称灰霾，其形成原因是空气中尘埃、有机生物质、水滴、硫化物和氮化物等聚集成的小颗粒增多。雾和霾主要有以下几点区别：

（1）影响范围不同。大雾的影响范围只有几公里到十几公里，而灰霾天气的影响范围可能是一个甚至周边的几个城市。

（2）能见度不同。大雾天气形成的原因是相对空气湿度较大，能见度比较小，而灰霾天气的能见度较大。

（3）出现形式不同。大雾如天空的白云一样是一团一团地出现，而灰霾则会平均地分布在一片区域之中。

（4）传播与消散形式不同。由于大雾天气是空气中的细小水滴数量增多，故雾团会随着风力飘移，并且在气温上升时会被蒸发消散；而灰霾是由于空气中的细微尘埃颗粒增多，故会随着气流向四周传播，并且不会随气温的变化而有太大变化，只会在传播过程中逐渐降解。

（5）出现时间和持续时间不同。大雾一般出现在早晨，在日出之后会随着气温上升而消散；灰霾天气则会随时出现，并且持续时间较长。

（6）传输距离不同。大雾极容易消散，传输距离较近；而灰霾中的颗粒物极难降解，传输距离较远。

雾霾天气是一种大气污染状态，雾霾是对大气中各种悬浮颗粒物含量超标的笼统表述，尤其是 PM2.5（空气动力学当量直径小于等于 2.5 微米的颗粒物）被认为是造成雾霾天气的"元凶"。随着空气质量的恶化，阴霾天气现象出现增多，危害加重。我国不少地区把阴霾天气现象并入雾，将雾霾作为灾害性天气预警预报，统称为"雾霾天气"。

3.2　雾霾污染的成因

雾霾污染严重影响着人们的健康与社会经济的发展，要治理好我国的雾霾污染，首先应弄清楚雾霾污染的形成原因，这样才能在制定治理雾霾污染的措施时对症下药，才能有效治理我国雾霾污染天气，雾霾污染的形成原因主要有以下几个方面。

3.2.1　经济的快速发展和粗放的经济增长方式

过去几十年，我国经济保持高速的增长，较多年份经济增长速度均在 10% 以上，经济的高速增长需要以大量的能源消耗为支撑，经济增长越快，资源消耗就越多，产生的污染排放物也会急剧增加，给环境带来了极大的压力。我国过去几十年工业化和城镇化进程不断加快，排放了大量的 SO_2、粉尘等污染物，导致空气中可吸入颗粒等污染物浓度过快上升。我国粗放型经济发展方式导致工业能源消耗大、使用效率低下，从而导致大量污染物排放，最终造成雾霾污染的加剧，经济增长模式走的是传统的"高能耗、高排放和高污染"的发展模式。几十年来，我国为追求 GDP 的不断增长，偏重于经济高产出，忽视了经济发展质量，许多缺乏高技术的地区只能发展资源密集型和劳动密集型产业，这两类产业的资源利用率较低，造成了资源的大量浪费和污染物的大量排放。众多企业在追求经济快速发展的同时也忽略了环境保护问题，很多企业对污染物只进行一些简单的处理甚至不处理就直接进行排放，这加剧了环境的恶化。

3.2.2　以煤炭为主的能源消费结构

在我国能源消费结构中，煤炭消费量占能源消费总量的比重过高，我国一次能源消费增量已经连续15年居于世界各国之首。自然资源保护协会（NRDC）2014年发布的《煤炭使用对中国大气污染的贡献》指出，煤炭消费会产生大量的颗粒物、二氧化硫和氮氧化物，煤炭消费对PM2.5年均浓度的贡献约在50%~60%，其中六成来源于煤炭的直接燃烧，四成来源于伴随煤炭使用的重点行业排放。根据2002~2016年《中国能源统计年鉴》数据，2001~2015年，我国煤炭消费占能源消费的比重每年均高于65%，其中，2002年煤炭消费占比最低，煤炭消费占能源消费的比重为63.85%，2011年煤炭消费占比最高，煤炭消费占能源消费总量的比重为73.51%。中国煤炭工业协会2016年公布的数据显示，我国的煤炭消费占比远高于30%的世界煤炭消费占比的平均水平，且我国的煤炭消费量约占世界煤炭消费量的一半。可以看出，我国能源消费结构比较单一，过度依赖煤炭消费，尽管水电、天然气、风能、太阳能、页岩气等清洁能源消费近年来得到了较快的发展，但这些清洁能源占能源消费总量的比重依然过低，还不足以替代煤炭消费。

3.2.3　以重工业为主的产业结构

我国大多数省市均存在产业结构不合理的现象，第二产业以及重化工业占比较高。工业消耗有色金属、煤炭等化石燃料会排放大量的废弃物，工业和建筑行业的迅猛发展所带来的扬尘也是加剧雾霾污染的一个原因。第二产业产值的较快增长伴随而来的是煤炭消费的快速增长，这在一定程度上加剧了雾霾污染程度。如2018年汾渭平原成为我国大气污染防治的三大重点区域之一，根据2016年的《陕西统计年鉴》和《山西统计年鉴》数据，汾渭平原地区第二产业增加值占地区生总值的比重高达50%左右，是全国的能源重化工业基地，该地区工业以能源和原材料工业为主，高耗能行业增加值占规模以上工业增加值比重过高，煤炭为主的能源结构造成了该地区高耗能的产业结构。目前，我国较多的省市第三产业发展相对缓慢，生产性服务业发展相对滞后，第三产业还处于较低层次的发展水平，加快产业结构的转型与升级迫在眉睫。

3.2.4　机动车数量的过快增长

机动车尾气的排放是造成大气污染的罪魁祸首之一，目前我国的机动车辆以燃烧柴油和汽油为主，完全燃烧会产生水蒸气和二氧化碳等物质。但由于汽油和柴油等燃料未充分燃烧且燃料中含有其他杂质和添加剂，导致机动车排放的主要污染物是颗粒物和氮氧化合物等，颗粒物和氮氧化合物是构成雾霾污染的主要成分。过去十几年，我国汽车数量迅速增加，根据 2002～2017 年的《中国统计年鉴》数据，2001 年，我国民用车辆数为 1802.05 万辆，2016 年，我国民用车辆数为 18574.53 万辆，增长了 930.74%；2001 年，我国私人车辆数为 770.81 万辆，2016 年，我国私人车辆数为 16330 万辆，增长了 2018.55%。交通业过快的发展以及机动车数量大幅的增加使得能源消费和污染排放也大幅增加，这在一定程度上也加剧了雾霾污染。随着私人汽车数量的迅速增加，各大城市的交通拥堵问题频频发生，京津冀城市群和长三角城市群等城市交通拥堵现象严重，大面积、长时间和高频率的交通拥堵所造成的汽车燃料不充分燃烧更是加大了废气的排放。

3.2.5　气象因素与气候异常

由于受我国自身气候特征的影响，我国较多地区在秋冬季节容易形成静稳天气，近几年北方地区静稳天气次数有所增加。静稳天气通常指近地面风速较小、低层大气的动力热力特征表现为大气层结稳定。"静"主要是指水平方向风速比较小，污染物不易扩散；"稳"主要是指垂直方向的层结比较稳定，低层大气和中层大气垂直交换较少。由于受到西伯利亚地区冷高压的影响，我国冬季由于供暖等导致大气温度有所上升，大气中的气压不断下降，加剧了空气流通的困难。雾霾污染多是工业排放、煤炭消费、汽车尾气排放和建筑扬尘等所导致，静稳天气就会导致构成雾霾污染的污染物在近地面不断堆积而不能有效地扩散，春夏静稳天气少，秋冬季节静稳天气较多，又加上秋冬季节北方地区燃煤采暖，这加剧了秋冬季节的雾霾污染。

3.3 雾霾污染的危害

我国的雾霾天气呈现出灰霾的特点，严重的雾霾污染给社会经济发展和人们的健康带来巨大的影响。上一节讨论了我国雾霾污染产生的主要原因是粗放的经济增长方式、煤炭消费占比过高、重工业占比过高导致的产业结构不合理以及机动车辆过快增加，这些导致了我国环境的不断恶化，产生的危害主要有以下两个方面。

3.3.1 雾霾污染对社会生活的影响

首先，雾霾污染对人体健康产生危害，细颗粒物对人体健康的危害很大，颗粒物的直径越小，进入呼吸道的部位越深。$10\mu m$ 直径的颗粒物通常沉积在上呼吸道，$2\mu m$ 以下的可深入细支气管和肺泡。细颗粒物进入人体到肺泡后，直接影响肺的通气功能，使人容易处于缺氧状态。相关研究发现，雾霾会造成呼吸和心脑血管疾病，在一定程度上会加大肺癌的发病率，细颗粒物还可能与其他物质相结合后产生二次污染源，这些污染源携带着大量的病毒和细菌，给人类的呼吸系统带来较大的危害。其次，雾霾也影响居民的幸福感，许多居民因为严重的雾霾天气纷纷逃离了所居住的城市，灰蒙蒙的雾霾天气也会影响人们的情绪，雾霾天气降低了居民的幸福感。最后，雾霾天气给交通带来了极大的不便，雾霾天气能见度低，造成许多城市交通拥堵，交通运输停滞，影响了人们的出行。由于雾霾天气造成的交通事故数量增多，给人们的生命安全造成了一定的危害。

3.3.2　雾霾污染对经济发展的影响

雾霾污染给我国经济发展造成了巨大的损失。首先，雾霾污染减少了农作物的光合作用，降低了农作物的产量，同时雾霾污染会引发酸雨，造成土壤酸化，恶化农作物的生长环境。其次，雾霾污染影响着我国各行各业的生产活动。雾霾污染带来的交通问题给经济造成重大损失，雾霾水平较低时，会大大降低铁路、公路和航空等交通运输方式的运行效率，雾霾水平较高时，会造成部分客车、火车停运和航班取消，使交通运输停滞，造成交通运输业收入下降。同时人们放弃出行，会导致旅游人数减少，也会影响我国旅游业的发展。再其次，雾霾污染还会影响到工业生产，严格的环保标准使一些企业为了减少污染排放不得不降低产能，存在着减少生产量的可能性，雾霾污染降低了我国一些行业的收益水平。最后，雾霾污染增加了社会的治理成本，包括政府和企业等采取相关的政策和措施所付出的相关成本，同时也包括为治理雾霾污染等大气污染问题直接投入的治理成本。

3.4　我国雾霾污染的总体现状

3.4.1　我国雾霾污染的基本情况

表 3.1 的数据为 2001～2015 年全国雾霾污染主要污染物的均值情况（港澳台地区因数据缺失，不包括在本书研究范围之内）。首先，从总体上来看，PM2.5 浓度、烟（粉尘）排放总量和工业废气排放量呈现出上升的趋势，PM2.5 浓度在 2013 年之后有所下降。PM10 浓度、SO_2 浓度以及 NO_2 浓度总体上呈现出下降的趋势，2013 年的 PM10 浓度有上升。SO_2 排放总量的增长呈现出先增加后下降的倒 U 形趋势，PM2.5、PM10、SO_2 和 NO_2 浓度 2013 年都较 2012 年有所上升，主要是因为 2013 年爆发了较为严重的雾霾污染。二氧化硫排放量呈现出先增加后下降的倒 U 形趋势，烟（粉）尘排放量呈现出先下降

后上升的 U 形趋势，工业废气排放量呈上升趋势。其次，从雾霾污染增长速度来看，2001～2015 年，PM2.5 浓度增长了 94.29%，2010 年及其之后，PM2.5 均超出环境空气污染物二级浓度限值（PM2.5 浓度 35μg/m³），2013年达到了峰值（76.20μg/m³）；PM10 浓度下降了 18.71%，历年的 PM10 都高于环境空气污染物二级浓度限值（PM10 浓度 70μg/m³），PM2.5 和 PM10污染严重；SO₂ 浓度下降了 49.55%，历年 SO₂ 浓度都低于环境空气污染物二级浓度限值（SO₂ 浓度为 60μg/m³）；NO₂ 浓度下降了 10.83%，历年 NO₂ 浓度都低于环境空气污染物二级浓度限值（NO₂ 浓度为 40μg/m³），SO₂ 和 NO₂ 污染相对较轻。SO₂ 排放总量下降了 1.37%，烟（粉尘）排放总量增加了43.61%，工业废气排放量增加了 325.87%，工业废气排放增速较快。

表 3.1　　　　　　2001～2015 年中国雾霾污染主要污染物基本情况

年份	PM2.5 （μg/m³）	PM10 （μg/m³）	SO₂ （μg/m³）	NO₂ （μg/m³）	SO₂ 排放 总量 （吨）	烟（粉尘） 排放总量 （吨）	工业废气 排放量 （亿标立方米）
2001	25.59	121.54	49.79	35.36	628126.67	356580.00	5361.61
2002	26.38	130.53	52.86	36.07	625956.67	338576.67	5807.73
2003	27.92	119.83	52.00	37.07	718979.47	349476.43	6629.70
2004	24.74	114.27	52.44	38.06	751600.00	365073.33	7922.66
2005	26.41	106.10	47.38	33.38	849740.00	394150.00	8965.72
2006	28.26	110.07	44.56	34.20	862200.00	362866.67	10976.27
2007	29.05	102.83	47.31	34.20	822564.23	328788.13	12938.82
2008	28.10	98.17	44.94	31.28	773690.00	300519.40	13461.76
2009	33.76	96.73	42.45	30.73	737953.30	282445.70	14535.02
2010	40.87	97.00	40.09	31.27	728658.37	277649.47	17438.44
2011	49.87	92.60	38.18	30.86	739159.33	424189.00	22479.45
2012	61.37	92.00	32.91	30.45	705739.70	411704.70	21180.14
2013	76.20	129.07	34.63	34.96	681167.43	424594.93	22308.18
2014	58.13	112.23	31.30	33.39	657995.77	579790.90	23133.98
2015	49.72	99.07	25.12	31.53	619527.30	512101.60	22833.57

　　注：PM2.5 来源于巴特尔研究所、哥伦比亚大学国际地球科学信息网络中心，其余指标数据来源于《中国环境统计年鉴》和各省区市的《环境状况公报》。

3.4.2　我国雾霾污染的空间分布

（1）雾霾污染首要污染物 PM2.5 基本情况分析。

以 PM2.5 为代表的细颗粒物可谓是加剧雾霾污染的元凶。近年来，PM2.5 似乎成为雾霾污染的首要代名词，全国以及世界范围的空气检测数据也将 PM2.5 浓度作为检测雾霾污染的最重要数据。因此，本研究对我国雾霾污染的整体测度，首先将对 PM2.5 浓度的基本情况进行整体分析与解读。表 3.2 报告了 2001～2015 年全国及东中西部地区 PM2.5 浓度基本统计情况。同时，对 PM2.5 浓度的空间分布进行描述。本研究将 PM2.5 浓度划分为 5 个等级，表 3.3 中分别列出了第 1～5 等级省份的 PM2.5 浓度。其中，等级越高代表雾霾污染越低，等级越低代表雾霾污染越严重，第一等级雾霾污染最为严重，第五等级雾霾污染最轻，本研究选取 2002 年、2006 年、2010 年和 2014 年四个年份，如表 3.3 所示。具体来看，雾霾污染呈现以下特征。

表 3.2　　　　2001～2015 年全国及东中西部地区 PM2.5 浓度基本情况　　单位：$\mu g/m^3$

项目	全国				东部均值	中部均值	西部均值
	均值	标准差	最大值	最小值			
2001 年	25.04	11.53	46.35	7.16	29.51	28.46	18.67
2002 年	25.80	12.30	50.18	8.23	31.75	28.99	18.22
2003 年	27.30	12.38	54.76	8.71	33.42	31.84	18.67
2004 年	24.21	11.60	46.76	6.42	29.61	26.49	17.73
2005 年	25.85	12.46	49.43	5.90	30.72	29.52	18.93
2006 年	27.65	13.88	57.61	7.41	33.56	31.10	19.92
2007 年	28.38	14.36	57.01	7.32	35.08	32.34	19.60
2008 年	27.49	12.93	51.26	9.18	33.23	31.70	19.43
2009 年	33.04	13.86	59.72	11.31	38.87	38.13	24.30
2010 年	40.00	15.07	69.57	13.92	45.74	46.10	30.67
2011 年	44.26	16.98	82.08	17.15	54.17	56.06	39.07
2012 年	48.97	20.41	112.43	21.11	64.59	68.62	50.23
2013 年	54.19	26.61	154.00	26.00	77.55	84.63	65.17

续表

项目	全国				东部均值	中部均值	西部均值
	均值	标准差	最大值	最小值			
2014 年	57.04	17.63	91.83	19.83	59.21	64.71	49.94
2015 年	48.90	15.53	79.83	18.83	52.78	55.19	41.16

注：表中均值为我国 31 个省份（不含港澳台地区）及东中西部地区相应省份均值，PM2.5 来源于巴特尔研究所、哥伦比亚大学国际地球科学信息网络中心。

表 3.3 我国主要年份雾霾浓度等级分布

年份	第一等级	第二等级	第三等级	第四等级	第五等级
2002	山东、河南、江苏、安徽、上海	天津、湖北、湖南、重庆、江西、广西、广东	河北、陕西、山西、贵州、浙江	新疆、甘肃、宁夏、四川、云南、海南、辽宁、吉林、北京	黑龙江、内蒙古、青海、西藏、福建
2006	山东、河南、江苏、安徽、上海、湖北	天津、河北、湖南、重庆、江西、广西、浙江	陕西、山西、四川、贵州、广东、北京	新疆、甘肃、宁夏、云南、海南、辽宁	黑龙江、吉林、内蒙古、青海、西藏、福建
2010	山东、河南、江苏、安徽、上海	天津、河北、湖北、湖南、重庆、广西、广东、江西、浙江	陕西、山西、四川、贵州、北京、辽宁	新疆、甘肃、宁夏、云南、海南、福建、吉林	黑龙江、内蒙古、青海、西藏
2014	河北、陕西、山东、河南、江苏、安徽、湖北、湖南	天津、新疆、辽宁、北京、山西、四川、重庆、江西	黑龙江、吉林、广西、浙江、上海	内蒙古、青海、甘肃、宁夏、贵州、广东	福建、西藏、云南、海南

注：由各省份 PM2.5 数据整理所得，PM2.5 来源于巴特尔研究所、哥伦比亚大学国际地球科学信息网络中心。

首先，雾霾污染逐年加剧。从全国情况看，表 3.2 数据显示，2001～2015 年 PM2.5 浓度呈现逐年上升态势，均值从 2001 年的 25.04μg/m³ 上升到 2014 年的 57.04μg/m³，在 2015 年下降到 48.90μg/m³。从不同区域看，2001 年东部地区 PM2.5 浓度最高，为 29.51μg/m³；到 2015 年中部地区 PM2.5 浓度最高，达到 55.19μg/m³，明显高于东西部地区；15 年间西部地区 PM2.5 浓度增速最快，总增速达到 120.64%。其次，从空间分布看，东中部地区雾霾污染最严重。PM2.5 高浓度地区主要分布于东部地区的辽宁、河北、山东、江苏、上海四省一市，以及中部地区的河南、安徽、湖南、湖北、江西五省。最后，从空间变化看，雾霾污染范围扩大。2002～2014年，雾霾污染较为严重的省份由山东、江苏、上海、河南、安徽四省一市增加为河北、山东、江苏、河南、安徽、湖北、湖南、陕西八省；雾霾污染较轻的省份由青海、西藏、内蒙古、黑龙江、福建五省区减少为西藏、云南、福建、海南四省区。

（2）我国雾霾污染其他污染物基本情况分析。

雾霾污染的主要污染物，除了可吸入颗粒物 PM2.5 之外，还包括 PM10、SO_2 和 NO_2；同时，根据环保部门测算，中国大气污染中污染排放物的 70% 来源于制造业，工业能耗是造成雾霾污染的重要原因之一，这一测算也得到了许多研究结论的支持（Yang，2010；胡宗义，刘亦文，2015；马丽梅等，2016）。因此，本研究在描述 PM2.5 浓度基本情况的基础上，更进一步地对雾霾污染的其他主要污染物 PM10、SO_2、NO_2 的浓度，以及主要工业污染气体排放总量的基本情况进行了分析，以期对中国雾霾污染情况进行全方位测度。

表 3.4 报告的数据为我国各省域雾霾污染主要污染物的均值情况。京津冀地区 PM10 污染最为严重，成渝地区、长三角地区以及中部地区和西北地区污染相对较为严重，其余地区 PM10 污染相对较轻。京津冀地区以及周边一些省份污染排放量加大，又加上气候等原因导致京津冀地区雾霾污染最为严重。河北、山东和山西的 SO_2 污染最为严重，与这几个省过度依赖煤炭消费的能源消费结构密切相关。福建和海南的 SO_2 污染最小，这不仅与它们自身的能源消费结构相关，也与地处海洋边拥有有利的大气环境密切相关。京津冀地区的 NO_2 污染最为严重，山东、河南和重庆以及长三角地区 NO_2 污染较为严重。河北、山西、内蒙古、辽宁和贵州的 SO_2 排放较大，这与其较高的煤炭消费比重相关，煤炭消费会大量排放 SO_2。江苏、山东、河南、广东和四川的污染也较高，主要原因是这些省份经济总量较大，能源消费也较大，进而污染物排放也较大。山西、河北、辽宁、内蒙古和河南的烟（粉尘）排放较大，北京和海南的烟（粉尘）排放量较小。河北、江苏和山东的工业废气排放量较大，海南和青海的工业废弃排放量较小。浓度较高和排放总量较大的省份，多为

工业经济规模大、重工业企业较多或者过度依赖煤炭能源消费的省份，如河北、江苏、山东、辽宁、山西等省份。

表 3.4　　　　　　　　　2001～2015 年我国分区域雾霾污染情况

地区	PM2.5 （μg/m³）	PM10 （μg/m³）	SO₂ （μg/m³）	NO₂ （μg/m³）	二氧化硫 排放总量 （吨）	烟（粉尘） 排放总量 （吨）	工业废气 排放量 （亿立方米）
北京	42.33	130.07	41.12	61.11	138108.80	60500.07	3872.97
天津	53.78	112.43	59.40	46.33	235645.47	90285.80	6228.97
河北	57.79	147.00	59.75	35.25	1341296.07	919282.67	46359.26
山西	39.68	127.93	72.33	29.83	1311165.33	1036075.67	24782.15
内蒙古	20.90	97.14	32.33	22.42	1282243.67	671917.40	20995.96
辽宁	33.83	120.14	44.62	31.92	1023676.13	722361.13	24821.85
吉林	28.73	98.93	32.21	32.00	353814.20	364737.47	6880.62
黑龙江	24.16	107.29	24.36	25.55	452587.87	562947.73	7990.05
上海	49.12	84.70	36.33	50.87	371496.27	109677.87	10547.20
江苏	56.18	113.13	36.60	34.20	1108257.27	450573.40	31785.49
浙江	39.56	105.07	24.69	33.92	692888.47	237917.40	18165.73
安徽	53.39	109.01	25.67	30.00	507486.93	351812.33	16494.93
福建	25.09	68.57	10.89	23.88	364799.33	173924.00	10201.18
江西	41.15	91.10	34.20	27.47	526611.53	265611.00	8820.49
山东	63.89	135.21	70.00	44.86	1734185.13	656870.80	34058.67
河南	62.08	120.64	40.78	40.16	1288717.27	711308.73	23377.92
湖北	51.39	116.73	27.75	30.25	635548.60	313097.60	13615.07
湖南	48.14	103.23	51.30	29.67	775115.33	429050.13	10349.96
广东	36.11	76.64	22.80	28.20	1000566.07	298707.67	20148.31
广西	40.05	69.71	36.13	23.15	752831.33	389128.87	14137.47
海南	18.84	38.50	5.33	10.00	26460.27	13094.40	1498.27
重庆	42.83	111.80	62.57	42.50	698366.93	199478.13	6873.50
四川	36.98	117.09	35.80	32.00	1066033.40	538142.27	14368.99

地区	PM2.5 （μg/m³）	PM10 （μg/m³）	SO₂ （μg/m³）	NO₂ （μg/m³）	二氧化硫 排放总量 （吨）	烟（粉尘） 排放总量 （吨）	工业废气 排放量 （亿立方米）
贵州	34.05	81.43	52.13	19.27	1202790.93	343792.60	10217.96
云南	22.01	75.63	29.33	16.33	533834.80	251971.47	9717.56
陕西	41.58	135.86	46.27	33.33	815051.80	392704.67	9752.11
甘肃	26.35	155.36	32.57	24.29	524370.07	191911.93	7441.31
青海	24.22	124.14	24.33	21.33	118364.73	110940.93	3245.33
宁夏	27.69	103.50	43.67	25.83	334580.13	155117.27	6011.17
新疆	30.85	137.36	18.50	32.25	589222.33	404072.47	9185.63
东部地区	40.72	102.90	36.01	35.24	680290.87	358529.26	17119.89
中部地区	49.31	111.44	42.01	31.23	840774.17	517825.91	16240.09
西部地区	31.59	109.91	37.60	26.61	719790.01	331743.45	10177.00

注：表中数据为 2001～2015 年各省份均值。PM2.5 来源于巴特尔研究所、哥伦比亚大学国际地球科学信息网络中心，其余指标数据来源于《中国环境统计年鉴》和各省区市的《环境状况公报》。

表 3.5 为我国三大区域雾霾主要污染物的空间分布情况。东部地区污染物浓度和排放量最大值的省份主要是山东和河北两个省，中部地区污染物浓度和排放量最大值的省份主要是河南和山西两个省，西部地区污染物浓度和排放量最大的省份是重庆和内蒙古。PM2.5 和 NO₂ 浓度和烟（粉尘）排放总量以及工业废气排放量数据显示，东中部地区明显高于西部地区；PM10 数据显示，中西部地区明显高于东部地区；SO₂ 浓度及其排放总量数据显示，中部地区最高，东部地区最低。污染物成分不同的原因一方面是，东中部地区工业经济规模大、发展水平高，工业能源消耗带来的雾霾污染主要排放物从浓度和总量看，多数指标均高于西部地区；另一方面是，如前文所述，中西部地区能源消费结构表现为以煤炭消费为主的单一能源消费结构，因此，煤炭燃烧所带来的 SO₂ 排放，在浓度和总量上均明显高于东部地区。从各类型污染物的空间分布看，浓度较高和排放总量较大的省份，多为工业经济规模大、重工业企业较多或者过度依赖煤炭能源消费的省份，如河北、北京、山东、重庆、山西等省市。这表明我国雾霾污染与工业能源消耗以及能源消费结构

存在明显的相关性。

表 3.5　　　　　　　　　我国雾霾污染主要污染物空间分布情况

地区	项目	PM2.5（μg/m³）	PM10（μg/m³）	SO₂（μg/m³）	NO₂（μg/m³）	SO₂排放总量（吨）	烟（粉尘）排放总量（吨）	工业废气排放量（亿标立方米）
东部地区	均值	40.72	102.90	36.01	35.24	680290.87	358529.26	17119.89
	最大值	63.89	147.00	70.00	61.11	1734185.13	919282.67	46359.26
	最大值省份	山东	河北	山东	北京	山东	河北	河北
中部地区	均值	49.31	111.44	42.01	31.23	840774.17	517825.91	16240.09
	最大值	62.08	127.93	72.33	40.16	1311165.33	1036075.67	24782.15
	最大值省份	河南	山西	山西	河南	山西	山西	山西
西部地区	均值	31.59	109.91	37.60	26.61	719790.01	331743.45	10177.00
	最大值	42.83	155.36	62.57	42.50	1282243.67	671917.40	20995.96
	最大值省份	重庆	甘肃	重庆	重庆	内蒙古	内蒙古	内蒙古
全国	均值	40.54	108.08	38.54	31.03	746951.68	402699.54	14512.33
	最大值	63.89	155.36	72.33	61.11	1734185.13	1036075.67	46359.26
	最大值省份	山东	甘肃	山西	北京	山东	山西	河北

注：PM2.5来源于巴特尔研究所、哥伦比亚大学国际地球科学信息网络中心，其余指标数据来源于《中国环境统计年鉴》和各省市《环境状况公报》。

（3）东中西部地区雾霾污染变化趋势分析。

为了更进一步分析东中西部地区雾霾污染的变化趋势，本书绘制了7类雾霾污染物2001～2015年的趋势变化图。

图3.1的趋势变化图显示，东中西部三大地区的PM2.5浓度总体上的变化趋势大致相同，呈现出先增加后下降的倒U形变动趋势，PM2.5浓度在2013年达到峰值。其中，西部地区的PM2.5浓度最低且低于全国的平均水平，中部地区的PM2.5浓度在2010年之后超过东部地区成为三大区域PM2.5浓度最高的地区，三大区域的PM2.5污染较为严重。

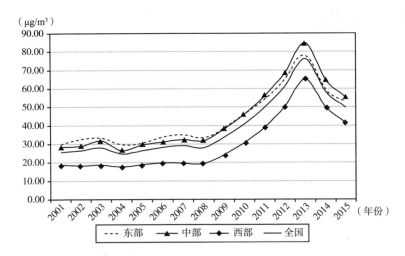

图 3.1 东中西部地区 PM2.5 浓度变化趋势

注：指标数据来源于《中国环境统计年鉴》和各省区市的《环境状况公报》。

图 3.2 的趋势变化图显示，东中西部三大地区的 PM10 浓度总体上的变化趋势大致相同，PM10 呈现出先上升后下降到再上升后下降的 M 形增长趋势，2002年达到峰值，2013 年的 PM10 浓度略低于 2002 年。其中，东部地区的 PM10 浓度较低，中西部地区的浓度较高，2012 年及其之后三大地区的 PM10 浓度差异较小。

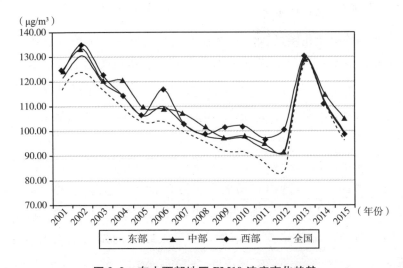

图 3.2 东中西部地区 PM10 浓度变化趋势

注：指标数据来源于《中国环境统计年鉴》和各省区市的《环境状况公报》。

图 3.3 的趋势变化图显示，东中西部三大地区的 SO_2 浓度总体上的变化趋势相同，呈现出下降的趋势。其中，中部地区下降幅度较小，东西部地区下降幅度较大，三大区域历年的 SO_2 浓度均在环境空气污染物二级浓度限值（SO_2 浓度 $60\mu g/m^3$）以内，SO_2 污染相对较轻。

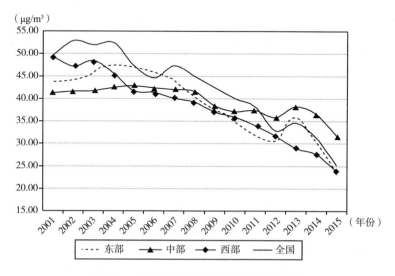

图 3.3　东中西部地区 SO_2 浓度变化趋势

注：指标数据来源于《中国环境统计年鉴》和各省区市的《环境状况公报》。

图 3.4 的趋势变化图显示，东中西部三大区域的 NO_2 浓度总体上的变化趋势大致相同，历年的波动幅度较小。其中，中部和西部地区的 NO_2 浓度低于全国的平均水平，东都地区的 NO_2 浓度最高，三大地区的 NO_2 浓度均在环境空气污染物二级浓度限值（NO_2 浓度 $40\mu g/m^3$）以内，三大区域的 NO_2 污染相对较轻。

图 3.5 的趋势变化图显示，东中西部三大区域的 SO_2 排放量总体上的变化趋势大致相同，呈现出先增加后下降的倒 U 形变动趋势，在 2006 年达到峰值。三大区域的 SO_2 排放量差距较小，尽管近几年 SO_2 排放量有所下降，但是排放总量依然较大，2015 年三大区域的排放量均值也在 60 万吨左右。

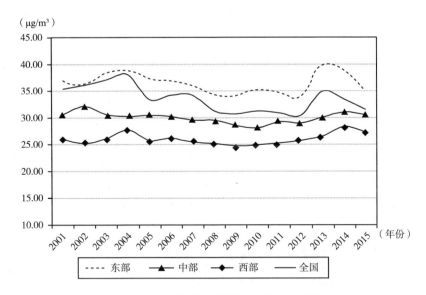

图 3.4　东中西部地区 NO$_2$浓度变化趋势

注：指标数据来源于《中国环境统计年鉴》和各省区市的《环境状况公报》。

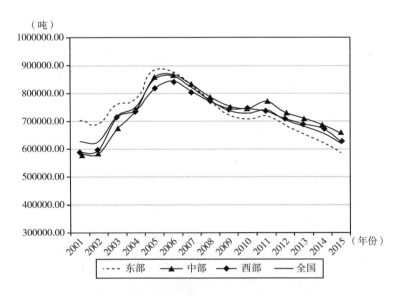

图 3.5　东中西部地区 SO$_2$排放量变化趋势

注：指标数据来源于《中国环境统计年鉴》和各省区市的《环境状况公报》。

图 3.6 的趋势变化图显示，东中西部三大区域的烟（粉尘）排放量在总体上的变化趋势也大致相同，呈现出波动性上升的趋势，2014 年达到峰值，2015 年有所下降。其中，中部地区排放量最高，东部和西部排放量低于全国平均水平，中部地区排放量在 2015 年高达 60 多万吨。

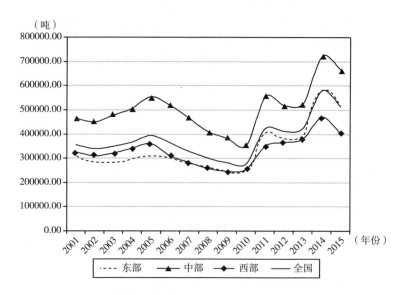

图 3.6　东中西部地区烟（粉尘）排放量变化趋势

注：指标数据来源于《中国环境统计年鉴》和各省区市的《环境状况公报》。

图 3.7 的趋势变化图显示，东中西部三大区域的工业废气排放量总体上的变化趋势大致相同，呈现出上升的趋势。其中，东部地区排放高于中西部和全国的平均水平，西部地区最低，中部地区排放水平与全国平均水平接近。工业废气的排放增长较快，随着工业化水平的不断提高，废气排放增加也较为迅速，2015 年，东部地区的工业废气排放接近 3 万立方米。

综上所述：三大区域雾霾污染物的浓度和排放量基本上历年变化的趋势大致相同。PM2.5 浓度、二氧化硫排放量、烟（粉尘）排放量和工业废气排放量都有较大幅度的上升，PM10 浓度和 SO_2 浓度都有较大幅度的下降，NO_2 浓度波动幅度较小，各区域增减变化较小。中部地区的 PM2.5 浓度、SO_2 浓度和烟（粉尘）排放量明显高于东部和西部地区，东部地区的 NO_2 浓度和工业废气排放量明显高于中西部地区，中西部地区的 PM10 浓度明显高于东部地

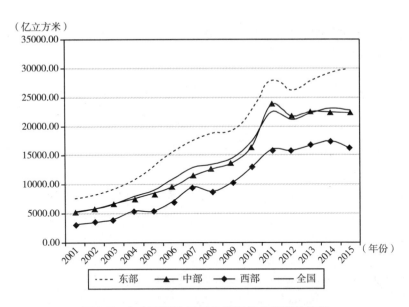

（亿立方米）

图 3.7　东中西部地区工业废气排放量变化趋势

注：指标数据来源于《中国环境统计年鉴》和各省区市的《环境状况公报》。

区，二氧化硫排放量由东部地区最高逐步转向中部地区最高，三大区域的二氧化硫排放量比较接近。

3.4.3　雾霾污染的空间相关性检验

空间计量方法考察地区间空间依赖性，其核心之一是空间权重矩阵的确定。本章采用是否相邻作为空间权重矩阵来考察变量之间的空间依赖性，表达式如式（3.1）所示。当 $i \neq j$ 时，矩阵元素 $w_{ij} = 1$；当 $i = j$ 时，则 $w_{ij} = 0$。

$$w_{ij} = \begin{cases} 1, & i \neq j \\ 0, & i = j \end{cases} \tag{3.1}$$

本研究对我国雾霾污染的空间自相关检验采用 Moran'I 指数。表 3.6 报告了雾霾污染主要污染物 PM2.5、PM10、SO_2、NO_2 以及工业废气排放量的空间自相关检验结果。表中数据显示，2001～2015 年全国 PM2.5 和 PM10 的 Moran'I 值显著性较高，SO_2 和 NO_2 的 Moran'I 值在多数年份也通过了显著性检验。这说明，就全国范围而言，雾霾污染的主要污染物表现出显著的空间相关性，各省区市或区域范围的雾霾污染与周边省区市或区域范围的雾霾污染存在相互关联相互依赖的作用。

表 3.6   2001～2015 年我国雾霾污染主要污染物空间自相关检验

年份	PM2.5		PM10		SO$_2$		NO$_2$		工业废气	
	Moran'I	Z 值	Moran'I	Z 值	Moran'I	Z 值	Moran'I	Z 值	Moran'I	Z 值
2001	0.156 ***	4.628	0.141 ***	4.345	−0.012	0.547	0.116 ***	3.831	0.095 ***	3.177
2002	0.177 ***	5.065	0.144 ***	4.432	−0.010	0.601	0.130 ***	4.314	0.096 ***	3.196
2003	0.186 ***	5.293	0.155 ***	4.706	−0.010	0.600	0.091 ***	3.150	0.101 ***	3.290
2004	0.197 ***	5.568	0.075 ***	2.703	−0.003	0.785	0.012	1.172	0.067 **	2.484
2005	0.180 ***	5.126	0.116 ***	3.705	0.037 *	1.750	0.094 ***	3.214	0.096 ***	3.207
2006	0.179 ***	5.101	0.126 ***	3.963	0.044 *	1.929	0.094 ***	3.212	0.081 ***	2.910
2007	0.158 ***	4.616	0.115 ***	3.663	0.039 *	1.811	0.088 ***	3.071	0.015	1.253
2008	0.187 ***	5.303	0.048 **	2.004	0.028	1.551	0.104 ***	3.430	0.086 ***	2.980
2009	0.181 ***	5.158	0.087 ***	2.989	0.033 *	1.688	0.117 ***	3.747	0.050 **	2.146
2010	0.182 ***	5.188	0.038 *	1.791	0.046 **	2.024	0.099 ***	3.298	0.059 **	2.341
2011	0.177 ***	5.056	0.075 ***	2.705	0.054 **	2.220	0.158 ***	4.786	0.035 *	1.763
2012	0.160 ***	4.661	0.099 ***	3.321	0.089 ***	3.092	0.138 ***	4.227	0.039 *	1.842
2013	0.088 ***	3.053	0.123 ***	4.044	0.117 ***	3.764	0.159 ***	4.718	0.023	1.460
2014	0.099 ***	3.271	0.176 ***	5.188	0.120 ***	3.785	0.165 ***	4.886	0.048 **	2.070
2015	0.192 ***	5.541	0.171 ***	5.031	0.078 ***	2.781	0.152 ***	4.569	0.063 **	2.468

注：* 、** 、*** 分别表示在 10%、5% 和 1% 的统计水平下显著。PM2.5 来源于巴特尔研究所、哥伦比亚大学国际地球科学信息网络中心，其余指标数据来源于《中国环境统计年鉴》和各省区市的《环境状况公报》。

3.5   我国典型区域雾霾污染现状

3.5.1   长江经济带雾霾污染的基本情况

（1）长江经济带雾霾污染首要污染物 PM2.5 的基本情况。

表 3.7 为 2001～2015 年长江经济带 PM2.5 浓度情况。首先整体来看，长江经济带雾霾污染呈现逐年加重态势。2001～2015 年，长江经济带 PM2.5 浓

度均值从 2001 年的 31.72μg/m³ 上升到 2013 年的最大值 73.18μg/m³,呈现明显上升趋势;从 2014 年开始出现下降,到 2015 年,PM2.5 浓度均值为 48.05μg/m³。其次从各流域情况看,2001 年各流域 PM2.5 浓度呈现由下游地区向上游地区递减态势,其中,上游地区 PM2.5 浓度为 23.96μg/m³,明显低于中下游地区;2012 年开始,中游地区 PM2.5 浓度开始超过下游地区,到 2015 年,各流域 PM2.5 浓度呈现中游地区最高、下游地区次之、上游地区最低的分布格局。但从增速看,2001~2015 年间,下游地区增速最慢,上游地区增速最快,上游总增速达到 65.82%。最后从空间分布看,最大值省份基本分布于江苏、安徽、湖北等工业经济规模较大的省份;而最小值则分布在工业发展水平较低的云南省。由此可见,雾霾污染的主要污染物 PM2.5 浓度与区域工业经济发展存在较为明显的相关性。

表 3.7　　　　2001~2015 年长江经济带 PM2.5 浓度基本情况　　　　单位: μg/m³

年份	长江经济带情况					各流域均值		
	均值	最大值	最大值省份	最小值	最小值省份	下游地区	中游地区	上游地区
2001	31.72	43.73	上海	16.08	云南	38.78	32.66	23.96
2002	32.30	49.61	江苏	15.10	云南	41.60	32.71	22.68
2003	32.26	48.90	江苏	14.16	云南	40.64	34.89	21.91
2004	31.22	46.76	江苏	15.85	云南	39.47	31.70	22.62
2005	32.37	46.28	江苏	15.27	云南	38.33	35.77	23.87
2006	34.69	53.26	江苏	15.01	云南	42.12	36.43	25.95
2007	35.75	54.56	江苏	15.66	云南	45.43	37.51	24.75
2008	34.68	50.57	江苏	15.65	云南	43.06	36.97	24.59
2009	39.99	55.15	江苏	19.07	云南	47.91	43.33	29.56
2010	46.25	60.14	江苏	23.23	云南	53.38	50.79	35.71
2011	53.69	66.72	安徽	28.30	云南	59.57	59.57	43.40
2012	62.55	78.39	湖北	34.47	云南	66.57	69.88	53.05
2013	73.18	96.00	四川	42.00	云南	74.50	82.00	65.25
2014	58.77	84.08	湖北	33.08	云南	59.54	66.11	52.48
2015	48.05	64.92	湖北	27.17	云南	52.58	53.08	39.73

注:PM2.5 来源于巴特尔研究所、哥伦比亚大学国际地球科学信息网络中心。

（2）长江经济带雾霾污染主要污染物的空间分布。

雾霾污染的主要污染物，除了可吸入颗粒物 PM2.5 之外，还包括 PM10、SO_2 和 NO_2；同时，根据环保部门测算，中国大气污染中污染排放物的 70% 来源于制造业，工业能耗是造成雾霾污染的重要原因之一，这一测算也得到了许多研究结论的支持（Yang，2010；胡宗义，刘亦文，2015；马丽梅等，2016）。因此，本研究在描述 PM2.5 浓度基本情况的基础上，更进一步地对雾霾污染的其他主要污染物 PM10、SO_2、NO_2 浓度，以及烟（粉尘）排放总量、工业污染气体排放总量的基本情况进行分析，以期对长江经济带雾霾污染情况进行全方位测度。

表3.8 为长江经济带各区域雾霾主要污染物的空间分布情况。PM2.5、PM10、NO_2 浓度数据以及工业废气排放量数据显示，中下游地区要高于上游地区；SO_2 浓度数据显示，上游地区明显高于中下游地区；烟粉尘排放总量数据显示，中上游地区要明显高于下游地区。一方面，长江经济带中下游地区工业经济规模大、发展水平高，工业能源消耗带来的雾霾污染主要排放物从浓度和总量看，多数指标均高于上游地区；另一方面，如前文所述，上游地区能源消费结构表现为以煤炭消费为主的单一能源消费结构，因此，煤炭燃烧所带来的 SO_2 排放明显高于中下游地区。从各类型污染物的空间分布看，浓度较高和排放总量较大的省份，多为工业经济规模大、大型重工业企业较多的省份，如江苏、湖北、湖南、四川、重庆等省市。这表明，长江经济带雾霾污染与工业能源消耗存在明显的相关性。

表3.8　　　　　　长江经济带各区域雾霾主要污染物空间分布情况

地区		PM2.5（$\mu g/m^3$）	PM10（$\mu g/m^3$）	SO_2（$\mu g/m^3$）	NO_2（$\mu g/m^3$）	烟（粉尘）排放总量（吨）	工业废气排放量（亿标立方米）
下游地区	上海	49.12	84.70	36.33	50.87	109677.87	10547.20
	江苏	56.18	113.13	36.60	34.20	450573.40	31785.49
	浙江	39.56	105.07	24.69	33.92	237917.40	18175.73
	安徽	53.39	109.01	25.67	30.00	351812.33	16494.93
	均值	49.56	102.98	30.82	37.25	287495.25	19250.84

地区		PM2.5 (μg/m³)	PM10 (μg/m³)	SO₂ (μg/m³)	NO₂ (μg/m³)	烟（粉尘）排放总量（吨）	工业废气排放量（亿标立方米）
中游地区	江西	41.15	91.10	34.20	27.47	265611.00	8820.49
	湖南	48.14	103.23	51.30	29.67	429050.13	10349.96
	湖北	51.39	116.73	27.75	30.25	313097.60	13615.07
	均值	46.89	103.69	37.75	29.13	335919.58	10928.50
上游地区	云南	22.01	75.63	29.33	16.33	251971.47	9717.56
	贵州	34.05	81.43	52.13	19.27	343792.60	10217.96
	四川	36.98	117.09	35.80	32.00	538142.27	14368.99
	重庆	42.83	111.80	62.57	42.50	199478.13	6873.50
	均值	33.97	96.49	44.96	27.53	333346.12	10294.50

注：表中数据为 2001~2015 年各省份均值。PM2.5 来源于巴特尔研究所、哥伦比亚大学国际地球科学信息网络中心，其余指标数据来源于《中国环境统计年鉴》和各省区市的《环境状况公报》。

综上所述，对于各种能源物质，长江经济带煤炭消费占比最高，达到 70% 左右，其次是电力消费，柴油、汽油和电力消费相对较低，各个能源消费总量的趋势也基本保持相同，这与全国的能源消费结构基本一致。长江经济带 PM2.5 浓度和工业废气排放量呈现出上升的趋势，PM10 浓度和 SO₂ 浓度总体上呈现出下降的趋势，NO₂ 和 SO₂ 排放量的增长呈现出先增加后下降的倒 U 形趋势，烟（粉尘）排放总量呈现出先减少后增加的趋势，整体与全国雾霾主要污染物变化趋势相一致。

3.5.2 长江经济带雾霾污染的空间相关性检验

（1）全局空间自相关检验。

本研究选取空间计量方法作为实证分析方法。因此，在进行实证分析之前，首先要对雾霾污染的空间自相关性进行检验。空间计量方法是考察地区间空间依赖性的计量方法，其核心之一是空间权重矩阵的确定。本节采用是否相邻作为空间权重矩阵来考察变量之间的空间依赖性，表达式如式（3.2）所示。当 $i \neq j$ 时，矩阵元素 $w_{ij} = 1$；当 $i = j$ 时，则 $w_{ij} = 0$。

$$w_{ij} = \begin{cases} 1, & i \neq j \\ 0, & i = j \end{cases} \tag{3.2}$$

本节对长江经济带雾霾污染的空间自相关检验采用 Moran'I 指数。表 3.9 报告了雾霾污染主要污染物 PM2.5、PM10、SO$_2$、NO$_2$ 的空间自相关检验结果。表中数据显示，2001~2015 年长江经济带 PM2.5 和 PM10 的 Moran'I 值显著性较高，SO$_2$ 和 NO$_2$ 的 Moran'I 值在多数年份也通过了显著性检验。这说明，长江经济带雾霾污染的主要污染物表现出显著的空间相关性，区域内各省市的雾霾污染与周边省区市的雾霾污染存在相互关联相互依赖的作用。

表 3.9　　　　**2001~2015 年长江经济带雾霾污染主要污染物空间自相关检验**

年份	PM2.5		PM10		SO$_2$		NO$_2$	
	Moran'I	Z 值	Moran'I	Z 值	Moran'I	Z 值	Moran'I	Z 值
2001	0.289 **	2.134	0.213 *	1.723	0.331 **	2.553	0.205	1.447
2002	0.349 ***	2.478	0.223 *	1.793	0.311 **	2.321	0.280 *	1.752 *
2003	0.388 ***	2.665	0.222 *	1.782	0.302 **	2.527	0.291 *	1.967 *
2004	0.339 **	2.434	0.247 **	1.991	0.219	1.557	0.262 *	1.744 *
2005	0.256 *	1.977	0.323 *	2.332	0.203	1.437	0.292 *	1.977 *
2006	0.247 *	1.867	0.302 *	2.527	0.232 *	1.744	0.222 *	1.681 *
2007	0.323 **	2.332	0.289 **	2.134	0.345 **	2.566	0.252 *	1.767 *
2008	0.345 **	2.468	0.385 ***	2.699	0.338 **	2.434	0.295 *	1.977 *
2009	0.383 ***	2.699	0.366 ***	2.723	0.287 **	2.126	0.323 **	2.332 **
2010	0.403 ***	2.871	0.389 ***	2.790	0.378 ***	2.596	0.167	1.629
2011	0.367 ***	2.733	0.256 *	1.977	0.214 *	1.722	0.160	1.570
2012	0.247 **	1.991	0.202 *	1.681	0.247 *	1.867	0.182	1.604
2013	0.087	1.028	0.167	1.479	0.223 *	1.793	0.281 *	1.755 *
2014	0.040	0.810	0.192	1.604	0.162 *	1.681	0.167	1.479
2015	0.289 **	2.134	0.247 *	1.867	0.009	0.705	0.033	0.743

注：*、**、*** 分别表示在 10%、5% 和 1% 的统计水平下显著。PM2.5 来源于巴特尔研究所、哥伦比亚大学国际地球科学信息网络中心，其余指标数据来源于《中国环境统计年鉴》和各省市的《环境状况公报》。

为进一步深入观测该空间相关性的变化情况，本研究绘制了长江经济带各省份的 PM2.5 浓度 Moran's I 散点图。由于篇幅限制，本研究仅选取 2000

年、2004 年、2008 年和 2012 年作为描述对象，如图 3.8 所示。

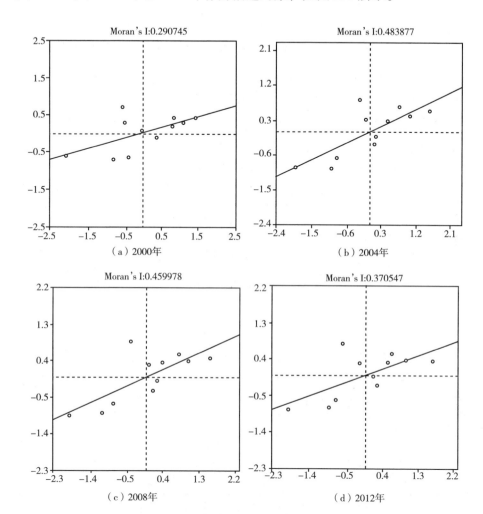

图 3.8　长江经济带 PM2.5Moran's I 散点图

注：PM2.5 来源于巴特尔研究所、哥伦比亚大学国际地球科学信息网络中心。

　　散点图的横纵轴分别表示标准化处理后的 PM2.5 浓度值及其空间滞后项，其中，第一象限至第四象限分别表示高—高正相关性、低—高负相关性、低—低正相关性、高—低负相关性，一、三象限为典型观测区域。图中结果显示，随着时间的推移，长江经济带大部分省市均位于典型观测区内，这充分说明长江经济带 PM2.5 浓度值的空间正相关性具有长期稳定性。

（2）局域空间自相关检验。

为了更进一步描绘长江经济带雾霾污染的空间分布状态，本研究列出了主要年份长江经济带 PM2.5 局域空间自相关显著性结果，如表3.10所示。

表3.10　　　　　主要年份长江经济带 PM2.5 局域空间自相关显著性结果

时间	显著高—高集聚	显著低—低集聚	显著高—低集聚	显著低—高集聚
2002	无	四川、贵州	无	浙江
2004	无	四川、贵州、云南	无	浙江
2008	江苏、上海	四川、云南	无	浙江
2012	江苏	四川、云南	无	浙江

由表3.10可知，高—高类型的集聚主要分布在长江下游地区的江苏省，低—低类型的集聚主要分布在长江上游地区的四川、云南、贵州三省。结合全局空间 Moran's I 指数的分析结果，可以看出长江经济带雾霾污染的高污染集聚区主要发生在长江下游地区，空间集聚效应明显，且呈长期稳定状态。这一分析结果与前述分析基本一致。近年来，长江上游地区以沿江优势，毁林开荒，绿色植被面积愈加减少，水土流失现象严重，生态环境恶化；长江下游地区的安徽马鞍山、上海宝山、湖北武汉的钢铁产业和江苏南京、上海的汽车工业等高耗能行业产生的废气是造成 PM2.5 的重要"元凶"。

第4章 工业集聚与雾霾污染的关系研究

4.1 我国工业集聚对雾霾污染的影响

4.1.1 我国工业集聚的总体现状

（1）我国工业产出集聚水平。

表4.1报告了我国2003～2012年31个省区市工业产出集聚水平情况。

表4.1 我国各区域历年工业产出集聚水平

地区	2003年	2004年	2005年	2006年	2007年	2008年	2009年	2010年	2011年	2012年
北京	628.90	786.20	1040.24	1110.21	1269.20	1339.73	1403.46	1684.33	1857.89	2007.51
天津	951.15	1202.69	1577.97	1919.24	2228.25	2958.20	3032.07	3692.32	4546.16	5125.62
河北	170.18	216.44	247.10	290.81	347.21	422.01	422.87	506.04	623.43	662.69
山西	76.12	100.09	135.14	158.59	200.50	250.15	224.56	297.25	380.34	384.40
内蒙古	6.10	8.59	12.49	16.72	23.18	32.11	38.07	47.49	60.03	65.39
辽宁	172.76	191.42	235.78	282.12	351.34	455.12	467.95	593.87	722.74	784.13
吉林	49.59	60.94	72.78	88.54	115.83	143.38	163.00	209.68	262.43	297.89
黑龙江	47.54	59.50	57.00	64.46	70.34	83.04	75.05	97.43	118.45	110.80
上海	4520.27	5509.29	6513.44	7366.10	8356.59	9124.59	8531.15	10309.48	11370.02	11195.21
江苏	560.14	719.63	870.77	1036.40	1214.26	1405.69	1535.91	1798.29	2078.42	2230.27
浙江	415.26	510.09	601.83	719.49	862.15	981.97	996.99	1199.79	1391.76	1453.84
安徽	103.18	123.91	129.80	156.33	196.44	248.93	290.13	385.97	504.07	572.87

续表

地区	2003 年	2004 年	2005 年	2006 年	2007 年	2008 年	2009 年	2010 年	2011 年	2012 年
福建	173.15	204.25	229.23	267.06	324.07	383.50	411.80	515.94	618.96	688.87
江西	50.89	66.55	87.21	108.22	136.47	165.78	191.53	256.85	324.26	349.20
山东	376.16	500.60	614.16	741.72	860.89	1033.52	1084.48	1210.62	1365.59	1463.31
河南	181.69	231.27	293.17	361.15	449.60	571.62	592.83	715.62	835.29	899.26
湖北	121.27	139.53	131.07	157.57	185.67	232.93	278.84	361.84	459.28	523.68
湖南	68.60	84.10	103.40	127.20	159.39	202.08	227.54	297.69	383.51	431.47
广东	363.55	445.81	583.31	695.62	829.72	960.16	1006.76	1194.36	1371.71	1436.29
广西	34.38	44.14	53.44	67.27	88.30	111.00	120.99	163.10	204.96	223.04
海南	28.96	33.81	44.11	61.45	78.64	90.73	84.92	108.82	134.19	147.22
重庆	93.25	112.56	124.19	149.77	190.81	247.14	354.05	448.77	569.23	604.49
四川	36.45	44.55	52.00	64.71	80.53	101.29	116.84	152.91	195.29	217.09
贵州	25.95	32.62	40.54	48.57	57.20	70.53	71.11	86.10	103.83	125.85
云南	22.36	27.01	30.28	36.12	43.89	52.74	53.54	66.77	76.78	88.48
西藏	0.11	0.13	0.14	0.18	0.22	0.24	0.27	0.32	0.39	0.45
陕西	40.56	51.74	75.49	101.75	123.64	160.06	170.13	221.52	284.64	332.72
甘肃	9.91	12.70	15.12	19.13	23.45	26.93	26.53	35.33	42.41	45.63
青海	1.68	2.20	2.83	3.68	4.78	6.14	6.52	8.51	11.26	12.43
宁夏	21.58	28.06	34.50	43.57	57.26	73.82	78.37	96.84	123.01	132.32
新疆	3.44	4.49	5.79	7.48	8.46	10.79	9.37	13.02	16.27	17.17
东部地区	650.58	803.13	975.98	1126.40	1300.65	1490.89	1478.19	1778.54	2035.52	2123.36
中部地区	100.29	124.24	146.63	178.18	221.35	278.58	300.91	385.87	481.12	526.81
西部地区	24.65	30.73	37.23	46.58	58.48	74.40	87.15	111.72	140.67	155.42
全国均值	301.78	372.74	452.07	524.88	610.91	707.93	711.86	863.77	1001.18	1052.57
最小值省份	西藏	西藏	西藏	西藏	西藏	西藏	西藏	西藏	西藏	西藏
最大值省份	上海	上海	上海	上海	上海	上海	上海	上海	上海	上海

注：数据来源于 2003～2013 年的《中国统计年鉴》以及各省区市统计年鉴。

首先，从总体上看，我国31省区市工业产出集聚水平总体上呈现出逐步上升趋势。全国层面看我国工业产出集聚水平呈上升趋势，我国东部地区、中部地区和西部地区工业产出集聚水平也呈上升趋势，工业产出集聚水平呈现出东部地区大于中部地区，中部地区大于西部地区的现状。工业产出集聚水平较低的省份主要有西藏、青海、新疆、内蒙古和甘肃等，工业产出集聚水平较高的省份主要有上海、天津、北京、江苏和浙江等。历年工业产出集聚水平最高的省份都是上海，历年工业产出集聚水平最低的省份都是西藏。

其次，从工业产出集聚水平增长的速度来看，内蒙古工业产出集聚水平增长幅度最大，2003年工业产出集聚水平为6.10，2012年为65.39，增长率为971.97%；黑龙江工业产出水平增长幅度最小，2003年为47.54，2012年为110.80，增长率为133.07%。内蒙古、陕西和青海三省份工业产出集聚水平增长率较大，增长率均高于600%，北京、黑龙江和上海三省市工业产出集聚水平增长率较小，增长率均低于250%。从区域看，西部地区工业产出集聚水平增长率最大，增长率为530.58%；其次是中部地区，增长率为425.28%；东部地区工业产出集聚水平的增长率最小，增长率为226.38%。全国工业产出集聚水平的增长率为248.79%，中部地区和西部地区工业产出集聚水平增长率高于全国平均水平，东部地区工业产出集聚水平增长率低于全国平均水平。

（2）我国工业劳动集聚水平。

表4.2报告了我国2003~2012年31个省区市工业劳动集聚水平情况。

表4.2　　　　　　　我国各区域历年工业劳动集聚水平

地区	2003年	2004年	2005年	2006年	2007年	2008年	2009年	2010年	2011年	2012年
北京	60.01	59.48	71.28	71.51	72.66	75.18	73.37	75.65	71.49	79.74
天津	96.71	98.97	102.49	97.62	102.69	113.20	116.34	126.62	126.97	127.32
河北	14.40	14.57	15.57	16.16	16.15	16.89	17.05	18.36	18.78	19.40
山西	11.11	11.89	13.63	14.10	13.78	13.66	13.42	13.98	13.55	13.11
内蒙古	1.10	1.20	1.28	1.38	1.42	1.59	1.68	1.91	1.88	1.86

续表

地区	2003 年	2004 年	2005 年	2006 年	2007 年	2008 年	2009 年	2010 年	2011 年	2012 年
辽宁	16.41	16.80	18.75	20.50	22.27	24.86	26.25	27.30	25.05	23.01
吉林	6.93	6.86	6.95	7.19	7.47	8.67	9.36	9.52	9.50	9.48
黑龙江	3.39	3.38	3.49	3.58	3.64	3.97	3.55	3.63	3.30	3.00
上海	346.96	376.80	396.81	420.82	444.98	479.51	448.14	459.97	424.83	392.37
江苏	56.44	61.77	68.46	75.29	83.70	107.32	99.74	112.40	106.24	100.53
浙江	46.50	54.32	63.60	70.13	75.97	78.23	75.65	82.35	69.09	57.96
安徽	10.71	11.05	11.05	11.91	12.82	15.17	16.70	19.06	19.00	18.94
福建	18.02	20.01	23.64	26.44	29.10	30.57	30.51	33.06	32.47	31.84
江西	5.76	5.97	6.71	7.55	8.43	10.72	10.48	11.93	12.14	12.37
山东	38.05	41.40	46.96	49.99	52.74	57.93	58.73	58.90	54.36	50.17
河南	19.25	19.83	22.00	22.16	23.18	25.31	27.22	29.15	33.28	37.99
湖北	13.11	13.00	12.43	12.60	13.22	15.57	17.98	19.47	18.45	17.50
湖南	8.07	8.06	8.60	9.05	9.93	11.45	12.26	13.83	14.63	15.56
广东	41.37	45.45	60.57	67.19	72.49	82.77	80.06	86.65	80.32	74.33
广西	3.49	3.61	3.84	3.85	4.19	4.83	5.18	6.36	6.21	6.07
海南	28.41	22.77	28.65	28.91	29.22	29.89	28.44	29.46	27.59	25.84
重庆	10.25	10.78	11.22	11.72	13.20	15.95	16.58	17.69	17.60	17.50
四川	10.39	10.73	11.28	12.04	13.27	15.34	16.10	18.16	19.67	21.29
贵州	11.30	11.52	11.74	11.59	11.48	12.67	12.92	13.84	8.22	8.64
云南	3.33	3.19	3.46	3.61	4.14	4.25	4.24	4.67	4.56	4.47
西藏	0.94	0.62	0.67	0.73	0.68	0.61	0.57	0.65	0.55	0.47
陕西	5.44	5.60	5.77	5.97	6.02	6.40	6.68	7.33	7.59	7.86
甘肃	2.00	1.85	1.66	1.66	1.60	1.66	1.66	1.71	1.43	1.20
青海	18.58	17.96	18.32	19.10	20.30	22.77	23.22	26.24	23.63	21.30
宁夏	4.05	3.78	4.06	3.91	4.02	3.95	4.43	4.63	4.62	4.76
新疆	18.41	17.84	22.84	23.44	22.58	24.34	24.96	25.79	28.43	28.91
东部地区	59.51	63.28	69.79	73.49	77.93	85.31	82.09	86.45	80.77	76.54

地区	2003 年	2004 年	2005 年	2006 年	2007 年	2008 年	2009 年	2010 年	2011 年	2012 年
中部地区	11.33	11.63	12.40	12.89	13.56	15.31	16.34	17.90	18.51	19.25
西部地区	7.44	7.39	8.01	8.25	8.58	9.53	9.85	10.75	10.37	10.36
全国均值	30.03	31.65	34.77	36.51	38.62	42.43	41.40	43.88	41.47	39.83
最小值省份	西藏	西藏	西藏	西藏	西藏	西藏	西藏	西藏	西藏	西藏
最大值省份	上海	上海	上海	上海	上海	上海	上海	上海	上海	上海

注：数据来源于 2003～2013 年的《中国统计年鉴》以及各省市统计年鉴。

首先从总体上看，我国大多数省区市工业劳动集聚水平呈现出波动性上升趋势，黑龙江、海南、贵州、西藏和甘肃五省份工业劳动集聚水平呈现出波动性下降趋势，我国工业劳动集聚水平总体呈现出上升趋势。我国东部地区、中部地区和西部地区工业劳动集聚水平也呈上升趋势，工业劳动集聚水平呈现出东部地区大于中部地区，中部地区大于西部地区的现状，工业劳动集聚水平较低的省份主要有西藏、甘肃、内蒙古、黑龙江、云南、宁夏、广西和陕西等，工业劳动集聚水平较高的省份主要有上海、天津、江苏、北京、广东和浙江等。历年工业劳动集聚水平最低的省份是西藏，历年工业劳动集聚水平最高的省份是上海。

其次从工业劳动集聚水平增长的速度来看，江西工业劳动集聚水平增长幅度最大，2003 年工业劳动集聚水平为 5.76，2012 年为 12.37，增长率高达114.76%，西藏工业劳动集聚水平增长幅度最小，2003 年劳动集聚水平为0.94，2012 年为 0.47，增长率为 −50.00%。江西、河南、湖南和四川四省工业劳动集聚水平增长率较大，增长率均高于90%，黑龙江、海南、贵州、西藏和甘肃五省份工业劳动集聚水平增长率较低，均为负增长。分区域看，中部地区工业劳动集聚水平增长率最大，增长率为69.99%；其次为西部地区，增长率为 37.85%；东部地区的工业劳动集聚水平增长率最小，增长率为

28.62%；全国工业劳动集聚水平的增长率为32.63%，中部和西部地区工业劳动集聚水平增长率高于全国平均水平，东部地区工业劳动集聚水平增长率低于全国平均水平。

（3）我国工业资本集聚水平。

表4.3报告了我国2003~2012年31个省区市工业资本集聚水平情况。

表4.3　　　　　　　　我国各区域历年工业资本集聚水平

地区	2003年	2004年	2005年	2006年	2007年	2008年	2009年	2010年	2011年	2012年
北京	42.71	158.89	184.73	158.23	243.20	198.26	205.45	269.03	451.32	386.77
天津	126.42	347.71	445.98	579.29	798.00	1138.28	1669.02	2219.01	2558.85	2379.36
河北	16.09	56.80	86.29	118.30	157.52	214.73	267.36	293.51	390.79	492.67
山西	16.29	52.87	68.15	81.46	97.73	111.00	129.04	160.26	212.85	263.25
内蒙古	4.51	13.61	22.01	27.25	33.52	43.07	56.28	65.30	74.86	91.20
辽宁	15.66	68.56	113.97	149.39	207.83	285.49	368.58	465.78	490.20	607.79
吉林	8.48	34.07	55.12	81.22	118.42	172.04	224.42	290.15	271.55	348.04
黑龙江	5.20	12.17	17.34	21.58	28.00	37.02	48.23	67.52	72.41	101.84
上海	630.57	1353.75	1243.32	1447.62	1770.81	1773.76	1706.31	1731.09	1982.70	1962.10
江苏	63.37	208.82	269.82	330.63	413.54	525.64	650.61	798.53	1339.95	1526.43
浙江	43.72	113.85	156.18	178.84	202.43	210.73	222.53	221.78	491.49	582.60
安徽	8.73	41.95	60.75	91.17	140.29	184.99	240.95	330.10	410.72	496.12
福建	9.42	46.66	60.26	76.52	108.94	141.75	164.77	210.93	298.21	365.69
江西	6.90	30.71	43.44	59.04	84.30	147.91	208.99	283.81	308.02	354.20
山东	51.56	179.45	254.05	302.63	343.45	384.00	455.26	540.93	758.10	881.70
河南	19.97	65.69	101.18	145.92	221.73	296.34	388.87	459.02	554.23	670.58
湖北	19.94	52.20	66.01	79.94	104.87	146.98	193.10	255.32	355.65	457.56
湖南	6.97	28.98	40.14	50.39	73.03	101.21	140.32	184.20	244.40	299.74
广东	37.62	91.79	124.24	134.18	126.43	141.36	159.66	194.64	305.65	333.49
广西	6.19	16.15	23.79	34.75	46.02	58.99	77.66	101.31	124.02	169.73
海南	138.24	235.09	299.78	254.86	187.50	267.73	310.41	412.22	632.35	796.96
重庆	16.74	41.56	59.04	82.66	117.35	150.55	199.55	247.00	299.67	339.15
四川	11.86	44.34	61.10	81.58	109.81	136.50	186.55	220.52	276.62	314.01
贵州	26.01	58.49	70.12	80.27	95.97	117.17	129.63	155.23	147.54	151.06

续表

地区	2003 年	2004 年	2005 年	2006 年	2007 年	2008 年	2009 年	2010 年	2011 年	2012 年
云南	6.66	20.86	31.37	38.32	46.89	62.23	74.19	86.42	102.38	127.81
西藏	6.93	8.06	7.44	7.98	12.91	17.69	23.47	36.54	39.02	60.48
陕西	8.21	21.94	27.78	39.11	56.60	77.40	105.28	125.50	149.09	182.00
甘肃	2.23	6.36	7.33	8.88	11.83	15.32	21.79	27.79	34.47	46.73
青海	77.21	185.22	211.41	254.60	311.40	361.31	454.08	543.21	821.29	1073.96
宁夏	8.14	19.87	28.89	32.92	46.28	64.84	90.86	108.66	122.06	155.50
新疆	112.61	204.09	254.30	322.91	377.06	453.85	521.13	666.99	1101.41	1441.82
东部地区	91.47	223.66	254.70	294.87	362.00	422.37	496.35	593.47	772.58	828.11
中部地区	13.13	45.40	63.28	84.65	120.33	164.74	216.88	278.79	347.64	423.58
西部地区	23.94	53.38	67.05	84.27	105.47	129.91	161.71	198.71	274.37	346.12
全国均值	50.17	123.24	145.01	172.66	215.92	259.29	312.72	379.75	497.48	563.24
最小值省份	甘肃	甘肃	甘肃	西藏	甘肃	甘肃	甘肃	甘肃	甘肃	甘肃
最大值省份	上海	上海	上海	上海	上海	上海	上海	天津	天津	天津

注：数据来源于 2003～2013 年的《中国统计年鉴》以及各省区市统计年鉴。

首先，从总体上看，我国 31 个省区市工业资本集聚水平基本呈现上升趋势，全国工业资本集聚水平也呈上升趋势。我国东部地区、中部地区和西部地区工业资本集聚水平也呈上升趋势，工业资本集聚水平呈现出东部地区大于中部地区，中部地区大于西部地区的现状。工业资本集聚水平较低的省份主要有甘肃、西藏、内蒙古、黑龙江和云南等，工业资本集聚水平较高的省份主要有天津、上海、江苏、新疆和青海等。

其次，从工业资本集聚水平增长的速度来看，安徽工业资本集聚水平增长幅度最大，2003 年工业资本集聚水平为 8.73，2012 年为 496.12，增长率为558.93%；上海工业资本集聚水平增长幅度最小，2003 年工业资本集聚水平为 630.57，2012 年为 1962.10，增长率为 211.16%。吉林、安徽、江西和湖南四省工业资本集聚水平增长率较大，增长率均高于4000%；上海、海南和贵州工业资本集聚水平增长率较小，增长率均低于500%。从区域来看，中部地区工业资本集聚水平增长率最大，增长率为3090.00%；其次为西部地区，增长率为1317.14%；东部地区工业资本集聚增长率最小，增长率为805.37%；全国工业资本集聚水平的增长率为1022.66%，中部和西部地区工业资本集聚水平增长率高于全国平均水平，东部地区工业资本集聚水平增长率低于全国平均水平。

4.1.2　模型设定与数据说明

（1）理论模型。

已有文献中，大多将环境因素视为一种生产要素纳入生产模型中，以此表示环境投入会带来污染产出。本节认为，在工业生产的过程中，各种工业生产要素的投入不仅会产出工业产品，也会产出工业产品的副产品——环境污染，而最为典型的一种环境污染产出就是雾霾。由此，本节将环境投入作为生产要素之一纳入模型生产环节，将雾霾浓度作为一种工业产出纳入模型产出环节，以此对西科恩和霍尔（1996）的产出密度模型进行适度扩展，推导工业集聚和雾霾污染之间的理论作用机制，模型由式（4.1）所示。

$$\frac{P_i}{A_i} = \theta_i \left[\left(\frac{N_i}{A_i} \right)^{\beta} \left(\frac{K_i}{A_i} \right)^{\gamma} \left(\frac{E_i}{A_i} \right)^{1-\beta-\gamma} \right]^{\alpha} \left(\frac{P_i}{A_i} \right)^{\frac{\lambda-1}{\lambda}} \tag{4.1}$$

其中，P_i、N_i、K_i、E_i分别代表区域i的雾霾总量、工业就业规模、工业资本规模和工业能源消费量。P_i/A_i、N_i/A_i、K_i/A_i和E_i/A_i分别为区域i单位面积雾霾浓度、工业劳动密度、工业资本密度、工业能源消费密度，θ_i为区域i生产效率，A_i为i区域总面积。α为区域i单位面积工业劳动、资本和能源的规模报酬；当$0<\alpha<1$时，表示规模报酬递减；当$\alpha=1$时，表示规模报酬不变；当$\alpha>1$时，表示规模报酬递增。β为区域i单位面积工业劳动产出贡献率，γ为区域i单位面积工业资本产出贡献率，$0<\beta\leqslant1$，$0<\gamma\leqslant1$。λ为雾霾污染浓度参数，当$\lambda>1$时，表示雾霾污染对区域经济产生外部性。对式（4.1）整理得到：

$$\left(\frac{P_i}{A_i}\right)^{\frac{1}{\lambda}} = \theta_i \left[\left(\frac{N_i}{A_i}\right)^{\beta} \left(\frac{K_i}{A_i}\right)^{\gamma} \left(\frac{E_i}{A_i}\right)^{1-\beta-\gamma}\right]^{\alpha} \qquad (4.2)$$

对式（4.2）进行转换得到：

$$\left(\frac{P_i}{A_i}\right)^{\frac{1}{\lambda}} = \theta_i \left(N_i^{\beta} K_i^{\gamma} E_i^{1-\beta-\gamma}\right)^{\alpha} \left(\frac{1}{A_i}\right)^{\alpha} \qquad (4.3)$$

式（4.3）可变换为：

$$\left(\frac{P_i}{A_i}\right)^{\frac{1}{\lambda}} = \theta_i \left[\left(\frac{K_i}{N_i}\right)^{\gamma} \left(\frac{E_i}{N_i}\right)^{1-\beta-\gamma}\right]^{\alpha} \left(\frac{N_i}{A_i}\right)^{\alpha} \qquad (4.4)$$

令 $K_i/N_i = k_i$ 表示劳均工业投资，$E_i/N_i = e_i$ 表示劳均能源投入，对式（4.4）整理得到：

$$\left(\frac{P_i}{A_i}\right)^{\frac{1}{\lambda}} = \theta_i \left(k_i^{\gamma} e_i^{1-\beta-\gamma}\right)^{\alpha} \left(\frac{N_i}{A_i}\right)^{\alpha} \qquad (4.5)$$

式（4.5）两边取对数得到：

$$\frac{1}{\lambda}\ln\frac{P_i}{A_i} = \ln\theta_i + \alpha\gamma\ln k_i + \alpha(1-\beta-\gamma)\ln e_i + \alpha\ln\frac{N_i}{A_i} \qquad (4.6)$$

式（4.6）整理得到：

$$\ln\frac{P_i}{A_i} = \lambda\ln\theta_i + \lambda\alpha\gamma\ln k_i + \lambda\alpha(1-\beta-\gamma)\ln e_i + \lambda\alpha\ln\frac{N_i}{A_i} \qquad (4.7)$$

式（4.7）中，$\ln(P_i/A_i)$ 代表雾霾浓度，$\ln\theta_i$ 代表工业生产效率，$\ln k_i$ 和 $\ln e_i$ 代表工业资源使用效率，$\ln(N_i/A_i)$ 代表工业劳动集聚。工业劳动集聚是描述工业集聚的良好指标（Ciccone，2002），工业生产效率和工业资源使用效率是描述工业效率的有效指标（涂正革，刘磊珂，2011）。由以上模型推导可以看出，雾霾污染浓度与工业效率和工业集聚存在相互作用关系，这与已有研究认为工业集聚和工业效率与环境问题之间存在密切联系（Frank et al.，2001；Verhoef & Nijkamp，2002；马丽梅、张晓，2014a，2014b）这一观点相一致。

（2）模型构建。

本节拟采用空间计量方法检验工业集聚对雾霾污染的影响作用，常用的空间分析方法有：空间滞后模型（SLM）、空间误差模型（SEM）和空间杜宾模型（SDM）。SLM 主要探讨各变量在一个地区是否存在空间溢出效应。SEM 测度存在于误差扰动项中的空间依赖性，主要探讨临近地区因变量的误差冲击对本地区因变量经济行为的影响程度。SDM 用于考察因变量受到本地区自变量和临近地区因变量和自变量的影响。三个模型分别由式（4.8）~式（4.10）表示。

$$Y = \alpha + \rho WY + \beta X + \varepsilon \tag{4.8}$$

$$Y = \beta X + \varepsilon \quad \varepsilon = \lambda W\varepsilon + \mu \tag{4.9}$$

$$Y = \rho WY + \beta X_i + \theta WX_i + \varepsilon \tag{4.10}$$

其中，X 和 Y 分别为自变量和因变量，X_i 为自变量，X_j 为其他解释变量，ρ 为空间回归系数，λ 表示空间误差系数，θ 为解释变量的空间回归系数，W 为空间权重矩阵，ε 和 μ 为误差项，α 为常数项。

为了考察工业集聚对雾霾污染的影响及空间溢出效应，本节构建了相应的空间计量模型 SLM、SEM 和 SDM，分别由式（4.11）~式（4.13）表示。

$$\ln pm_{2.5it} = \alpha_0 + \rho_1 w_{ij} \ln den_{it} + \sum_i \alpha_i \ln X_{it} + \varepsilon_{it} \tag{4.11}$$

$$\ln pm_{2.5it} = \alpha_0 + \alpha_1 \ln den_{it} + \sum_i \alpha_i \ln X_{it} + \lambda w_{ij} \varepsilon_{it} + \mu_{it} \tag{4.12}$$

$$\ln pm_{2.5it} = \alpha_0 + \rho_1 w_{ij} \ln den_{it} + \sum_i \alpha_i w_{ij} \ln X_{it} + \varepsilon_{it} \tag{4.13}$$

其中，$pm_{2.5it}$ 表示雾霾浓度，den_{it} 表示工业集聚，X_{it} 表示一系列控制变量，ε_{it} 和 μ_{it} 表示误差项，w_{ij} 为空间权重矩阵，ρ 为空间回归系数，λ 表示空间误差系数，α_i 为控制变量 X_{it} 的回归系数。den_{it} 包括工业产出集聚（ind）、工业劳动集聚（lab）、工业资本集聚（cap）；X_{it} 包括以下变量：工业劳动产出效率（y）、工业资本利用率（k）、工业能源消费率（$ener$）、相对规模经济（$firm$）、对外开放水平（$open$）、科技进步水平（$tech$）、相对经济发展水平（gdp）、相对城市化水平（urb）、东部地区（$east$）、西部地区（$west$）。

本节采用空间反距离权重矩阵来考察变量之间的空间依赖性，矩阵元素 $w_{ij} = 1/d_{ij}$（$i \neq j$），如果 $i = j$，则 $w_{ij} = 0$。其中，d_{ij} 表示以欧式距离测度的省际距离。当省际距离越大则权重越小，地区间的相互影响作用会随着空间距离的扩大而减小。

（3）变量说明。

本节雾霾数据来源于巴特尔研究所、哥伦比亚大学国际地球科学信息网络中心。该机构在阿伦·范董科拉尔（van Donkelaar，2010）方法基础上，将中分辨率成像光谱仪（MODIS）和多角度成像光谱仪（MISR）测得的气溶胶光学厚度（AOD）转化为 2001～2010 年栅格数据形式的全球 PM2.5 数据年均值。该数据指标运用卫星数据转化得到，可信度较高，与马丽梅和张晓（2014a，2014b）文章的数据来源一致。

本节样本期间为 2001～2010 年，样本个体为我国的 31 个省、自治区和直辖市。本节所用数据（除雾霾数据外）来源于 2002～2011 年《中国统计年鉴》《中国环境统计年鉴》以及各省区市相应年份统计年鉴。各变量选取和说明如表 4.4 所示。

表 4.4   变量说明

变量类别	变量名称	指标名称	变量含义	单位
被解释变量	$pm_{2.5}$	雾霾浓度	单位空间内 PM2.5 含量	微克/立方米
解释变量	ind	工业产出集聚	单位面积工业产出规模	万元/平方公里
	lab	工业劳动集聚	单位面积工业从业人员数	人/平方公里
	cap	工业资本集聚	单位面积工业资本规模	万元/平方公里
控制变量	y	工业劳动产出效率	劳均工业产出规模	万元/人
	k	工业资本利用率	劳均工业资本规模	万元/万人
	$ener$	工业能源消费率	劳均能源消费量	万吨标准煤/万人
	$firm$	相对规模经济	地区规模以上工业企业数与全国均值之比	
	$open$	对外开放水平	外商投资占 GDP 比重	万美元/万元
	$tech$	科技进步水平	科技事业费占一般财政支出比重	
	gdp	相对经济发展水平	地区人均 GDP 与全国均值之比	
	urb	相对城市化水平	地区城市化率与全国均值之比	
	$east$	东部地区	是否是东部省份	0 或 1
	$west$	西部地区	是否是西部省份	0 或 1

雾霾污染程度（$pm_{2.5}$）采用单位空间内 PM2.5 含量进行测度。工业产出集聚（ind）采用单位面积工业产出规模进行测度。集聚经济的外部性来自经济活动的密度，经济活动分布密度即每单位面积土地上承载的经济活动量能够有效衡量经济活动的集聚程度（Ciccone & Hall，1996）。工业劳动集聚（lab）采用单位面积工业从业人员数进行测度，工业资本集聚（cap）采用单位面积工业资本规模进行测度。很多研究都已经证明生产要素对产业集聚的发展产生了重要影响，而劳动力和资本正是众多生产要素中最为重要的要素（柯善咨，姚德龙，2008；沈能，2014）。

工业劳动产出效率（y）采用劳均工业产出规模进行测度。工业资本利用率（k）采用劳均工业资本规模进行测度。很多研究都已经证实，劳动力与资本的有效组合可以提高产业效率（Graff & Neidell，2012）。工业能源消费率（$ener$）采用劳均能源消费量进行测度。单位面积工业资本投入和能源消费量是工业集聚的重要因素（刘修岩，陈至人，2010）。相对规模经济（$firm$）采用地区规模以上工业企业数与全国均值之比进行测度。规模经济是集聚经济的重要表现（傅十和，洪俊杰，2008），对环境污染可能产生重要影响。对外开放水平（$open$）采用外商投资占 GDP 比重进行测度。FDI 是影响大气污染的重要因素（Kirkulak et al.，2010），外商投资或对外开放能够有效促进工业集聚提升（Fujita & Hu，2001）。科技进步水平（$tech$）采用科技事业费占一般财政支出比重进行测度。现有研究普遍认为，科学技术投入可以加大清洁环保技术的应用，从而降低污染程度（Prakash & Potoski，2006；Wang & Jin，2007）。也有研究指出，科技进步并未有效改善环境污染现状，反而加剧了环境污染（宋马林，王淑鸿，2013）。相对经济发展水平（gdp）采用地区人均 GDP 与全国均值之比进行测度。相对城市化水平（urb）采用地区城市化率与全国均值之比进行测度。许多研究都已证实，环境污染与经济发展之间存在显著关系（Grossman & Krueger，1991），城市化发展也是造成环境污染的重要原因之一（江笑云，汪冲，2013）。

4.1.3　实证结果与分析

为了避免多重共线性对估计结果造成影响，首先对方程的解释变量进行多重共线性检验。各变量之间的相关系数均小于0.8，各变量的 VIF 值均小于6 且 VIF 均值小于3。这说明各变量之间不存在明显的多重共线性。结果显示，LM-Lag 和 LM-Error 统计量均通过显著性检验，表明模型中存在明显的空间依赖性，需要加入空间滞后项来消除空间依赖性。空间依赖性可能来源于被解释变量、解释变量以及误差项，因此本节分别采用空间滞后模型（SLM）、空间误差模型（SEM）和空间杜宾模型（SDM）进行实证分析。结果显示，Wald 检验结果的 P 值均小于0.05，说明 SDM 要优于 SLM 和 SEM。

表4.5 报告了三组模型的估计结果，模型二是在模型一的基础上增加了工业劳动集聚与工业劳动产出效率的交互项以及工业资本集聚与工业资本利用率的交互项，模型三是在模型一的基础上增加了工业产出集聚、工业劳动集聚和工业资本集聚的平方项。

（1）工业集聚对雾霾污染的影响作用分析。

模型一的估计结果显示，工业产出集聚估计系数为负且在1%的统计水平下显著，工业劳动集聚和工业资本集聚的估计系数均为正且均通过了显著性检验。这说明，工业劳动集聚和工业资本集聚会加重雾霾污染程度，而工业产出集聚会降低雾霾污染程度。由此可以看出，工业集聚对雾霾污染的负外部性主要体现在工业劳动和工业资本集聚上，充分证明我国工业劳动和资本集聚效率低下。一方面，我国工业依然以劳动密集型工业为主，其中低端工业从业者比重较大且相对集中，使清洁技术的应用推广度较低；另一方面，尽管工业资本规模增长速度很快，但大规模的工业资本并没有得到有效开发利用，浪费程度较高，同时，先进技术和清洁能源在工业资本中占比较低。这些都造成工业劳动和资本集聚效率低下，从而产生环境污染问题。空间杜宾模型估计结果中，工业劳动产出效率和工业资本利用率的估计结果均为负，且通过显著性检验。这说明，工业劳动产出效率和工业资本利用率的提高可以有效降低雾霾污染程度。

表 4.5　工业集聚对雾霾污染影响的空间计量估计结果（一）

变量	模型一			模型二			模型三		
	SLM	SEM	SDM	SLM	SEM	SDM	SLM	SEM	SDM
$\ln ind$	-0.197*** (-2.88)	-0.330*** (-4.18)	-0.214*** (-2.81)	-0.100 (-1.52)	-0.172** (-2.24)	-0.205*** (-2.59)	-0.802* (-1.86)	-0.707* (-1.76)	-0.819** (-2.11)
$\ln lab$	0.104** (2.04)	0.184** (2.45)	0.162** (2.28)				0.759*** (2.72)	0.739*** (2.62)	0.651* (1.91)
$\ln cap$	0.114*** (3.34)	0.182*** (4.27)	0.110*** (3.10)				0.157 (0.90)	0.307* (1.78)	0.288* (1.89)
$\ln lab * \ln y$				-0.004 (-0.24)	-0.004 (-0.18)	-0.009 (-0.40)			
$\ln cap * \ln k$				-0.031 (-1.62)	-0.027 (-1.27)	-0.038* (-1.79)			
$(\ln ind)^2$							0.036 (1.36)	0.020 (0.80)	0.037 (1.56)
$(\ln lab)^2$							-0.056** (-2.49)	-0.043* (-1.97)	-0.035* (-1.87)
$(\ln cap)^2$							-0.004 (-0.28)	-0.009 (-0.78)	-0.011 (-0.88)
$\ln y$	-0.066 (-1.57)	-0.026 (-0.63)	-0.083** (-2.08)	-0.091 (-0.87)	-0.018 (-0.12)	-0.162 (-1.10)	-0.056 (-1.32)	-0.025 (-0.59)	-0.077* (-1.88)
$\ln k$	-0.007 (-0.13)	-0.025 (-0.44)	-0.152*** (-2.77)	-0.285*** (-2.68)	-0.444*** (-4.59)	-0.212** (-2.19)	-0.036 (-0.60)	-0.051 (-0.70)	-0.176** (-2.53)

续表

变量	模型一			模型二			模型三		
	SLM	SEM	SDM	SLM	SEM	SDM	SLM	SEM	SDM
lnener	0.018 (0.85)	-0.001 (-0.02)	0.056** (2.49)	0.012 (0.60)	-0.020 (-1.07)	0.040* (1.83)	0.022 (0.94)	0.006 (0.30)	0.081*** (2.89)
lnfirm	0.190*** (8.40)	0.171*** (7.41)	0.221*** (9.27)	0.180*** (8.03)	0.158*** (6.82)	0.222*** (9.09)	0.182*** (7.42)	0.169*** (6.62)	0.239*** (8.51)
lnopen	0.069** (2.21)	0.137*** (4.59)	0.037 (1.18)	0.079** (2.51)	0.141*** (4.68)	0.039 (1.25)	0.084*** (2.71)	0.146*** (4.80)	0.046 (1.39)
lntech	-0.030 (-1.04)	-0.042 (-0.94)	-0.050 (-1.06)	-0.034 (-1.21)	-0.056 (-1.22)	-0.068 (-1.43)	-0.041 (-1.44)	-0.069 (-1.47)	-0.058 (-1.19)
lngdp	-0.019 (-0.19)	-0.094 (-0.82)	-0.018 (-0.15)	-0.033 (-0.33)	-0.187 (-1.64)	-0.124 (-1.06)	-0.098 (-0.94)	-0.030 (-0.23)	-0.080 (-0.57)
lnurb	-0.100 (-0.57)	-0.062 (-0.34)	-0.098 (-0.56)	-0.216 (-1.23)	-0.039 (-0.22)	-0.076 (-0.43)	-0.287 (-1.56)	-0.156 (-0.76)	-0.069 (-0.33)
east	-0.168*** (-2.71)	-0.192*** (-3.29)	-0.025 (-0.43)	-0.170*** (-2.74)	-0.1640*** (-2.83)	-0.002 (-0.03)	-0.197*** (-3.00)	-0.242*** (-3.80)	-0.075 (-1.14)
west	-0.031 (-0.65)	-0.070 (-1.28)	-0.178*** (-3.07)	-0.038 (-0.81)	-0.098* (-1.79)	-0.207*** (-3.59)	-0.046 (-0.98)	-0.074 (-1.26)	-0.1612*** (-2.53)
cons	-0.208 (-0.43)	2.041*** (3.99)	1.544* (1.74)	0.993 (1.64)	3.951*** (6.00)	-0.492 (-0.37)	0.191 (0.14)	1.219 (0.82)	3.272 (1.10)

注：*、**、***分别表示在10%、5%和1%的统计水平下显著，括号内为z值，cons为截距项。

模型二的估计结果显示，SDM 估计结果中，工业劳动集聚与工业劳动产出效率的交互项系数为负但不显著；工业资本集聚与工业资本利用率的交互项为负，且在10%的统计水平下显著。尽管结果的显著性较低，但在一定程度上说明工业劳动产出效率和工业资本利用率可以分别作用于工业劳动集聚和工业资本集聚，从而降低工业劳动集聚和工业资本集聚所带来的雾霾污染程度。

模型三中增加了工业产出集聚、工业劳动集聚和工业资本集聚的平方项。SDM 估计结果显示，增加平方项后，工业产出集聚估计系数依然为负且显著，工业劳动集聚和工业资本集聚估计系数保持为正，但显著性有所降低。同时，工业产出集聚的平方项为正但不显著，工业劳动集聚平方项为负且在10%的统计水平下显著，工业资本集聚平方项为负且不显著。这说明，工业劳动集聚与雾霾污染之间呈现倒 U 形变化关系，并且目前正处于倒 U 形的上升阶段，工业劳动集聚与雾霾污染之间存在库兹涅兹曲线关系。

三组模型中 SDM 估计结果显示，各控制变量估计结果系数和显著性均未发生显著变化。劳均能源消费率和相对规模经济的估计系数均为负，且通过显著性检验。说明工业生产中的能源消费确实增加了雾霾污染程度，同时，规模以上工业企业集聚也会带来一定程度的污染加重。科技进步水平、相对经济发展水平和相对城市化水平的估计系数为负但不显著，说明科技进步、经济发展、城镇化对减缓雾霾污染的作用力较弱。地区虚拟变量，东部地区估计系数为负但不显著，西部地区估计系数显著为负，代表中部地区的常数项为正但显著性较低。这表明，相比而言，东部和西部地区雾霾污染程度较低，而中部地区雾霾污染程度较高。

（2）空间相关性估计结果分析。

表4.6 的数据显示，SLM 和 SDM 中的空间相关系数 ρ 以及 SEM 中的空间相关系数 λ 均为正，且均在1%的统计水平下显著，说明雾霾污染确实存在显著的空间溢出效应。一个地区雾霾污染状况不仅仅受到该地区工业集聚的影响作用，同时也受到于周边地区雾霾污染的影响。

三组模型中 SDM 所报告的解释变量和控制变量的空间滞后项及显著性没有发生明显变化。工业产出集聚的空间滞后项显著为正，工业劳动集聚的空

表 4.6　工业集聚对雾霾污染影响的空间计量估计结果 （二）

变量	模型一			模型二			模型三		
	SLM	SEM	SDM	SLM	SEM	SDM	SLM	SEM	SDM
ρ	0.689 *** (19.68)		0.552 *** (9.97)	0.694 *** (19.61)		0.540 *** (9.48)	0.701 *** (19.92)		0.536 *** (9.20)
λ		0.822 *** (26.60)			0.824 *** (26.58)			0.830 *** (27.52)	
$w * \ln ind$			0.255 * (1.95)			0.245 * (1.90)			0.934 * (1.73)
$w * \ln lab$			−0.259 *** (−2.83)						−0.877 * (−1.77)
$w * \ln cap$			−0.155 *** (−2.77)						−0.399 (−1.39)
$w * \ln lab * \ln y$						−0.025 (−0.88)			
$w * \ln cap * \ln k$						−0.053 *** (−2.79)			
$(\ln ind)^2$									−0.031 (−0.69)
$(\ln lab)^2$									0.052 (1.32)
$(\ln cap)^2$									0.183 (0.82)

续表

变量	模型一			模型二			模型三		
	SLM	SEM	SDM	SLM	SEM	SDM	SLM	SEM	SDM
$w * \ln y$			0.234 *** (2.84)			0.361 * (1.79)			0.211 * (2.40)
$w * \ln k$			0.202 ** (2.18)			0.704 *** (3.85)			0.219 * (2.01)
$w * \ln ener$			0.255 *** (4.81)			0.288 *** (5.43)			0.257 *** (4.33)
$w * \ln firm$			0.2566 *** (5.39)			0.274 *** (5.74)			0.267 *** (5.13)
$w * \ln open$			-0.332 *** (-4.52)			-0.302 *** (-4.06)			-0.352 *** (-4.10)
$w * \ln tech$			-0.048 (-0.82)			-0.078 (-1.35)			-0.062 (-1.03)
$w * \ln gdp$			-0.302 * (-1.77)			-0.140 (-0.84)			-0.270 (-1.23)
$w * \ln urb$			-0.856 *** (-2.80)			-0.860 *** (-2.79)			-0.660 * (-1.75)
R^2	0.570	0.439	0.790	0.577	0.418	0.811	0.573	0.427	0.803
Wald Test	382.21 *** (P=0.00)	183.16 *** (P=0.00)	1108.70 *** (P=0.00)	392.40 *** (P=0.00)	168.83 *** (P=0.00)	1106.53 *** (P=0.00)	383.41 *** (P=0.00)	173.55 *** (P=0.00)	1110.07 *** (P=0.00)

续表

变量	模型一			模型二			模型三		
	SLM	SEM	SDM	SLM	SEM	SDM	SLM	SEM	SDM
F-Test	29.40*** (P=0.00)	14.09*** (P=0.00)	42.64*** (P=0.00)	30.18*** (P=0.00)	12.99*** (P=0.00)	35.44*** (P=0.00)	22.55*** (P=0.00)	10.21*** (P=0.00)	32.65*** (P=0.00)
log-likelihood	-28.145	-30.109	41.923	-29.128	-32.967	43.434	-23.454	-27.115	45.423
LM (lag)	102.94*** (P=0.00)	0.751 (P=0.38)	5.85*** (P=0.01)	115.06*** (P=0.00)	0.157 (P=0.69)	4.69** (P=0.05)	65.02*** (P=0.00)	14.11*** (P=0.00)	3.69** (P=0.05)
Robust LM (lag)	3417.30*** (P=0.00)	1439.95*** (P=0.00)	1221.43*** (P=0.00)	3617.36*** (P=0.00)	1757.92*** (P=0.00)	1343.69*** (P=0.00)	2868.31*** (P=0.00)	1006.68*** (P=0.00)	1570.78*** (P=0.00)
LM (error)	190.43*** (P=0.00)	264.46*** (P=0.00)	90.26*** (P=0.00)	183.47*** (P=0.00)	267.21*** (P=0.00)	88.97*** (P=0.00)	188.29*** (P=0.00)	263.03*** (P=0.00)	85.38*** (P=0.00)
Robust LM (error)	3504.80*** (P=0.00)	1703.66*** (P=0.00)	1305.83*** (P=0.00)	3685.77*** (P=0.00)	2024.97*** (P=0.00)	1553.99*** (P=0.00)	2991.57*** (P=0.00)	1255.59*** (P=0.00)	1652.45*** (P=0.00)

注：*、**、*** 分别表示在10%、5%和1%的统计水平下显著，括号内为z值。

间滞后项显著为负，工业资本集聚的空间滞后项为负但显著性较低。这表明，工业产出集聚具有显著的正空间溢出效应，而工业劳动集聚和资本集聚具有负的空间溢出效应。这说明，一个地区工业劳动和资本集聚程度越高，反而周边地区的工业和资本集聚程度越低，工业劳动力和资本的集聚更表现为一种极化效应而未显现出扩散效应。这与现有研究认为中国劳动力尚未表现出明显的正的空间溢出效应这一结论相一致（张浩然，2014）。工业劳动产出效率和工业资本利用率的空间滞后项均显著为正，说明地区的工业效率在很大程度上受到周边地区工业效率的正向溢出影响，工业效率在区域间产生了扩散效应。值得一提的是，对外开放水平和相对城市化水平的空间滞后项显著为负，说明对外开放水平和城市化水平较高的区域仅分布于一些中心地区，尚未对周边地区产生扩散效应，说明我国对外开放水平和城市化水平依然不高，需要进一步发展。

4.2　工业效率、工业效率与雾霾污染的交互影响

4.2.1　我国工业效率的现状分析

表 4.7 报告了我国 2003～2012 年 31 个省区市及东中西部地区工业效率水平情况。首先，从总体上看，我国这 31 个省区市工业效率水平基本呈现上升趋势，全国工业效率水平也呈现出上升趋势。我国东部地区、中部地区和西部地区工业效率水平也呈上升趋势，工业效率水平呈现出西部地区大于东部地区，东部地区大于中部地区的现状。工业效率水平较低的省份主要有广东、福建、江苏、贵州和河南等，工业效率水平较高的省份主要有内蒙古、青海、海南和新疆等。其次，从工业效率水平增长的速度来看，西藏工业效率水平增长幅度最大，2003 年工业效率水平为 4.97，2012 年为 39.79，增长率高达 700.60%。广东工业效率水平增长幅度最小，2003 年工业效率水平为 8.81，2012 年为 19.22，增长率仅为 118.16%。内蒙古、甘肃、青海和西藏四省份工业效率水平增长率较大，增长率均高于 500%，北京、上海、江

苏、广东和福建五省市工业效率水平增长率较小，增长率均低于 150%。从不同区域看，西部地区工业效率水平增长率最大，增长率为 353.31%；其次为中部地区，增长率为 223.35%；东部地区工业效率水平增长率最小，增长率为 198.06%；全国工业效率水平的增长率为 257.42%，西部地区工业效率水平增长率高于全国平均水平，中部和东部地区工业效率水平增长率低于全国平均水平。

表 4.7　　　　　　我国分区域历年工业效率水平

地区	2003 年	2004 年	2005 年	2006 年	2007 年	2008 年	2009 年	2010 年	2011 年	2012 年
北京	10.24	12.91	14.59	15.52	17.47	17.82	19.13	22.26	25.99	25.17
天津	9.86	12.18	15.43	19.71	22.04	26.55	26.47	29.62	36.37	40.89
河北	11.89	14.94	15.97	18.10	21.62	25.15	24.95	27.72	33.06	34.02
山西	6.54	8.43	9.93	11.27	14.52	18.24	16.67	21.18	28.03	29.29
内蒙古	10.00	12.92	17.66	21.81	29.40	36.33	40.79	44.88	57.47	63.42
辽宁	10.57	11.44	12.62	13.82	15.85	18.39	17.91	21.88	28.99	34.26
吉林	9.16	11.38	13.39	15.77	19.85	21.16	22.29	28.10	35.25	40.10
黑龙江	16.89	21.23	19.70	21.73	23.27	25.18	24.57	31.22	41.74	42.93
上海	13.03	14.62	15.91	17.50	18.78	19.03	19.04	22.41	26.76	28.53
江苏	10.55	12.38	13.25	14.35	15.12	13.65	16.05	16.71	20.41	23.14
浙江	9.09	9.56	9.63	10.44	11.50	12.72	13.35	14.76	20.41	25.42
安徽	9.71	11.27	11.72	13.29	15.44	16.54	17.52	20.42	26.74	30.48
福建	9.70	10.30	9.79	10.19	11.19	12.51	13.46	15.54	19.01	21.57
江西	8.84	11.14	12.98	14.36	16.18	15.50	18.27	21.52	26.66	28.18
山东	9.84	12.04	12.96	14.66	16.15	17.64	18.23	20.25	24.75	28.73
河南	9.56	11.81	13.50	16.51	19.64	22.87	22.04	24.94	25.50	24.05
湖北	11.35	13.17	12.94	15.35	17.23	18.36	19.03	22.80	30.53	36.72
湖南	9.17	11.23	12.94	15.12	17.27	18.98	20.00	23.14	28.04	29.67
广东	8.81	9.84	9.66	10.39	11.40	11.55	12.60	13.69	16.99	19.22
广西	9.81	12.21	13.87	17.43	21.00	22.93	23.31	25.65	32.98	36.72
海南	8.54	12.44	12.91	17.83	22.58	25.47	25.05	30.97	40.78	47.77
重庆	9.10	10.44	11.07	12.84	14.52	15.41	21.25	25.23	32.18	34.36
四川	8.79	10.41	11.54	13.47	15.20	16.55	18.21	21.13	24.94	25.63

续表

地区	2003 年	2004 年	2005 年	2006 年	2007 年	2008 年	2009 年	2010 年	2011 年	2012 年
贵州	6.98	8.60	10.49	12.73	15.13	16.90	16.71	18.89	21.65	24.95
云南	13.14	16.59	17.16	19.69	20.86	24.39	24.80	28.12	33.04	38.91
西藏	4.97	8.43	8.78	10.05	13.67	16.58	19.59	20.80	29.56	39.79
陕西	7.45	9.23	13.06	17.09	20.50	24.99	25.43	30.18	37.45	42.29
甘肃	5.78	7.48	9.99	12.59	15.94	17.67	17.44	22.47	32.28	41.56
青海	8.48	11.52	14.53	18.11	22.14	25.42	26.42	30.55	44.82	54.88
宁夏	6.29	7.79	8.96	11.74	14.94	18.93	19.08	22.14	27.31	28.52
新疆	14.40	19.38	20.59	25.90	26.12	30.96	26.71	35.92	44.13	45.81
东部地区	10.63	12.71	13.52	15.39	17.45	18.99	19.47	22.70	28.50	31.67
中部地区	9.19	11.18	12.33	14.32	16.72	18.41	18.92	22.33	27.58	29.73
西部地区	8.76	11.25	13.14	16.12	19.12	22.25	23.31	27.16	34.82	39.74
全国均值	9.63	11.85	13.15	15.46	17.95	20.14	20.85	24.36	30.77	34.42
最小值省份	西藏	甘肃	西藏	西藏	福建	广东	广东	广东	广东	广东
最大值省份	黑龙江	黑龙江	新疆	新疆	内蒙古	内蒙古	内蒙古	内蒙古	内蒙古	内蒙古

注：数据来源于 2003～2013 年的《中国统计年鉴》以及各省区市统计年鉴。

4.2.2 模型设定与数据说明

（1）理论模型。

工业生产在集聚的过程中，由于生产资料的消耗、技术水平、生产效率等问题，会产生集聚的副产品——污染物。这种副产品是工业集聚负外部性的一种表现。从工业集聚的产生和发展看，工业集聚的形成一方面得益于工业生产资料（如劳动力、资本等要素）投入量的增加，这使得单位面积工业生产活动和工业产出规模扩大；另一方面，工业集聚的产生和发展也得益于生产效率的提升,生产效率高的地区集聚经济越容易出现。当工业集聚水平进一步提高,它所带来的规模效应会不断增强,从而工业生产效率得到进一步提升。由此可见,工业集聚和工业生产效率之间具有相互促进互为因果的关系。那么,在同等条件下,当工业生产效率提高,清洁技术和清洁能源有效应用到工业生产中,同等规模的工业集聚必然会产生较低水平的污染。可以看出,工业生产效率的提升可以有效降低工业集聚所带来的污染程度。从污染的影响看,最直接的影响就是人力资本和优质企业的迁移,这将导致工业生产集聚水平的降低,进一步表现为规模经济效应降低,最终表现为工业生产效率降低。由此可见,工业集聚、环境污染和工业效率之间确实存在着一套相互作用的机制机理。具体理论模型见 4.1.2 节的理论模型。

(2)模型构建。

根据理论模型,本节构建了能够代表雾霾污染程度、工业集聚水平、工业效率三者之间内生关系的联立方程组,以解释三个变量之间的内生化过程。

$$\begin{cases} \ln \text{pm}_{2.5it} = \alpha_0 + \alpha_1 \ln den_{it} + \alpha_2 \ln pro_{it} + \sum_i \alpha_i X_{it} + \varepsilon_{it} \\ \ln den_{it} = \beta_0 + \beta_1 \ln \text{pm}_{2.5it} + \beta_2 \ln pro_{it} + \sum_i \beta_i Y_{it} + \mu_{it} \\ \ln pro_{it} = \gamma_0 + \gamma_1 \ln \text{pm}_{2.5it} + \gamma_2 \ln den_{it} + \sum_i \gamma_i Z_{it} + \nu_{it} \end{cases}$$

其中,$pm_{2.5it}$ 表示雾霾浓度,den_{it} 表示工业集聚,pro_{it} 表示工业效率;X_{it}、Y_{it} 和 Z_{it} 分别表示一系列控制变量,ε_{it}、μ_{it} 和 ν_{it} 分别表示残差项。

X_{it} 包括以下控制变量:产业结构(stru)、对外开放度(open)、科技进步程度(tech)、相对经济发展水平(pgdp)、相对城市化水平(urb)、东部地区(east)、西部地区(west)。

Y_{it} 包括以下控制变量:工业资本密度(cap)、工业能源消费密度(ener)、相对规模经济(firm)、相对交通便利程度(tran)、相对经济发展水平(gdp)、相对城市化水平(urb)、东部地区(east)、西部地区(west)。

Z_{it} 包括以下控制变量:工业资本效率(pk)、对外开放度(open)、交通便利程度(tran)、科技进步程度(tech)、教育规模(edu)、相对经济发展水平(pgdp)、相对城市化水平(urb)、东部地区(east)、西部地区(west)。

（3）变量说明。

本节雾霾数据来源于巴特尔研究所、哥伦比亚大学国际地球科学信息网络中心。该机构在范董科拉尔（2010）方法基础上将中分辨率成像光谱仪（MODIS）和多角度成像光谱仪（MISR）测得的气溶胶光学厚度（AOD），转化为 2001～2010 年栅格数据形式的全球 PM2.5 数据年均值。该数据指标运用卫星数据转化得到，可信度较高，与马丽梅和张晓（2014）文章的数据来源一致。

本节样本期间为 2001～2010 年，样本个体为我国的 31 个省、自治区和直辖市。本节所用数据（除雾霾数据外）来源于 2002～2011 年《中国统计年鉴》《中国环境统计年鉴》以及各省区市相应年份统计年鉴。本节的变量选取与说明如表 4.8 所示。

表 4.8   变量说明

变量类别	变量名称	指标名称	变量含义	单位
内生变量	$pm_{2.5it}$	雾霾浓度	单位空间内 PM2.5 含量	微克/立方米
	den_{it}	工业集聚	单位面积工业产出	万元/平方公里
	pro_{it}	工业产出效率	劳均工业经济产出	万元/人
控制变量	cap_{it}	工业资本密度	单位面积工业资本	万元/平方公里
	$ener_{it}$	工业能源消费密度	单位面积能源消费量	万吨标准煤/平方公里
	$stru_{it}$	产业结构	工业产出占 GDP 比重	
	$open_{it}$	对外开放度	外商投资占 GDP 比重	
	$tech_{it}$	科技进步程度	科技事业费占一般财政支出比重	
	edu_{it}	教育规模	教育事业费占一般财政支出比重	
	gdp_{it}	相对经济发展水平	地区人均 GDP 与全国均值之比	
	urb_{it}	相对城市化水平	地区城市化率与全国均值之比	
	pk_{it}	工业资本效率	工业投资额与工业从业人员之比	万元/万人
	$tran_{it}$	相对交通便利度	地区公路里程与全国均值之比	
	$firm_{it}$	相对规模经济	地区规模以上工业企业数与全国均值之比	
	$east$	东部地区	是否是东部省份	0 或 1
	$west$	西部地区	是否是西部省份	0 或 1

雾霾污染程度（$pm_{2.5}$）采用雾霾浓度进行测度。工业集聚（den）采用单位面积工业工业产出进行测度。工业产出密度可以有效衡量区域工业集聚水平，许多研究均采用该指标衡量工业集聚水平（Ushifusa & Tomohara，2013；柯善咨，姚德龙，2008）。工业产出效率（pro）采用劳均工业产出进行测度。

工业投资密度（cap）采用单位面积工业投资额进行测度，工业能源投入密度（$ener$）采用单位面积能源消费量进行测度。单位面积工业资本投入和能源消费量是工业集聚的重要因素（刘修岩，陈至人，2010）。相对规模经济（$firm$）采用地区规模以上工业企业数与全国均值之比进行测度。企业是市场经济的微观主体，对经济集聚的形成和发展具有一定作用（傅十和，洪俊杰，2008）。

产业结构（$stru$）采用工业产出占 GDP 的比重进行测度。产业结构是造成污染的重要因素，工业产业比重越大污染情况相对越严重（杜江，刘渝，2008）。对外开放度（$open$）采用外商投资占 GDP 比重进行测度。FDI 是影响大气污染的重要因素（Liang，2006；Kirkulak et al.，2011）。同时，外商投资或对外开放能够有效促进工业集聚和工业效率的提升（Fujita & Hu，2001）。科技进步程度（$tech$）采用科技事业费占一般财政支出比重进行测度。现有研究普遍认为，科学技术投入可以加大清洁环保技术的应用，从而降低污染集聚程度（Prakash & Potoski，2006；Wang & Jin，2007）。也有研究指出，科技进步并未有效改善环境污染现状，反而加剧了环境污染（宋马林，王淑鸿，2013）。同时，科学技术投入可以有效促进地区科技水平的发展，从而提高工业效率水平。

相对经济发展水平（gdp）采用地区人均 GDP 与全国均值之比进行测度。相对城市化水平（urb）采用地区城市化率与全国均值之比进行测度。许多研究都已证实，环境污染与经济发展之间存在显著关系（Grossman & Krueger，1991），城市化发展也是造成环境污染的重要原因之一（江笑云，汪冲，2013；杜江，刘渝，2008）。同时，经济发展程度越高的地区其产业集聚水平和产业经济效率相对越高（金煜等，2006；柯善咨，姚德龙，2008）。

工业资本效率（pk）采用工业投资额与工业从业人员之比进行测度。很多研究都已经证实，劳动力与资本的有效组合可以提高产业效率（Graff & Neidell，2012）。相对交通便利度（$tran$）采用地区公路里程与全国均值之比进行测度。交通作为城市基础设施能够降低交易成本，提高经济效率、促进产业集聚（柯善咨，姚德龙，2008）。教育规模（edu）采用教育事业费占一般财政支出比重进行测度。已有研究认为教育水平越高越有利于人力资本集聚，从而促进地方产业和经济效率的提高（陈德文，苗建军，2010）。

4.2.3 实证结果与分析

由联立方程模型的阶条件可知，本节构建的模型为过度识别模型，可以进行总体参数估计。本节运用 2SLS 和 3SLS 对整个联立方程系统进行估计，因为当包含内生解释变量时，3SLS 的估计结果比 2SLS 更有效率的。为了避免多重共线性对估计结果造成影响，本节首先对方程的解释变量进行多重共线性检验。各变量之间的相关系数均小于 0.8，各变量的 VIF 值均小于 6 且 VIF 均值小于 3。这说明各变量之间不存在明显的多重共线性。

（1）雾霾浓度、工业集聚和工业效率的交互影响。

表 4.9 报告了 2SLS 和 3SLS 估计结果。从统计结果来看，雾霾浓度、工业集聚、工业效率这三个变量之间存在明显的相互影响关系。在雾霾浓度方程中，工业集聚估计系数为正且显著，工业效率估计系数为负且显著。这说明，工业集聚使得雾霾污染程度加深，同时，工业效率的提高可以有效降低雾霾污染程度。在工业集聚方程中，雾霾浓度估计系数为负且显著，工业效率估计系数为正且显著。这说明雾霾污染程度加重会导致工业集聚水平下降，同时，工业效率的提高会使工业集聚水平得以提升。在工业效率方程中，雾霾浓度估计系数为负且显著，工业集聚估计系数为正且显著。这说明，雾霾污染程度加重会导致工业效率降低，同时，工业集聚水平的提高会促进工业效率提升。

表 4.9 2SLS 与 3SLS 估计结果

变量	雾霾浓度方程		工业集聚方程		工业效率方程	
	2SLS	3SLS	2SLS	3SLS	2SLS	3SLS
$\ln pm_{2.5}$			-0.2250 ** (2.35)	-0.3289 *** (-3.35)	-0.3829 *** (-5.23)	-0.8271 *** (-12.06)
$\ln ind$	0.0220 * (1.93)	0.2791 *** (9.96)			0.1364 *** (7.26)	0.2556 *** (10.34)
$\ln pro$	-0.1033 *** (-2.79)	-0.4015 *** (-6.18)	0.1925 ** (2.35)	0.7742 *** (4.86)		
$\ln stru$	0.1342 * (1.69)	0.1892 * (1.82)				
$\ln open$	0.1030 ** (2.12)	0.1510 *** (3.15)			0.0600 ** (2.43)	0.0797 *** (2.68)
$\ln tech$	-0.0531 * (-1.88)	-0.1139 * (-1.93)			0.0511 * (1.67)	0.0622 ** (2.56)
$\ln ener$			0.1649 * (1.82)	0.2711 *** (4.62)		
$\ln cap$			0.4277 *** (13.86)	0.5732 *** (10.91)		
$\ln firm$			0.0609 (0.93)	0.1789 (1.49)		
$\ln tran$			0.1264 * (1.66)	0.1531 ** (2.34)	0.0677 ** (2.26)	0.1245 *** (5.83)
$\ln pk$					0.3650 *** (14.67)	0.3337 *** (13.78)
$\ln edu$					0.4809 *** (5.84)	0.5433 *** (5.56)
$\ln gdp$	0.2977 ** (2.06)	0.4149 ** (2.51)	0.5939 *** (3.79)	0.3937 ** (2.45)	0.4809 *** (5.94)	0.3872 *** (4.50)
$\ln urb$	-0.6981 *** (-2.66)	-1.5180 *** (-5.87)	0.925 * (1.70)	1.2364 *** (4.16)	0.3626 ** (2.51)	0.9864 *** (6.00)

续表

变量	雾霾浓度方程		工业集聚方程		工业效率方程	
	2SLS	3SLS	2SLS	3SLS	2SLS	3SLS
east	0.0308 (0.16)	−0.2116 ** (−2.13)	0.6771 *** (3.97)	0.2483 *** (3.13)	0.3982 *** (4.94)	0.3486 *** (6.22)
west	−0.3303 * (−1.84)	−0.3357 *** (−5.51)	−0.1903 (−1.23)	−0.1936 ** (−2.45)	−0.0498 (−0.72)	−0.1303 *** (−3.27)
cons	2.8141 *** (5.21)	5.2322 *** (9.14)	1.5189 * (1.84)	1.9475 ** (2.24)	0.9378 * (1.68)	0.7968 (1.27)

注：*、**、*** 分别表示在 10%、5% 和 1% 的统计水平下显著，括号内为 z 值，*cons* 为截距项。

图 4.1 展示的是雾霾污染、工业集聚和工业效率之间的作用关系。所标注的数值为箭头起始方向指标对箭头所指方向指标的估计系数及显著性水平。黑体数值显示的是雾霾污染对工业集聚的影响作用，下划线数值显示的是工业集聚对雾霾污染的影响作用。当雾霾浓度作为影响的起始端，雾霾浓度水平每提高 1%，工业集聚水平将降低 0.33%，同时工业效率降低 0.83%；此时，工业效率每提高 1%，工业集聚将提高 0.77%。这一作用过程说明，雾霾污染程度加深，使得工业效率降低，工业效率的降低又会带来工业集聚水平的降低，从而最终表现为雾霾污染程度加深导致工业集聚水平降低。当工业集聚作为作用机制起始端时，工业集聚水平每提高 1%，雾霾浓度会提高

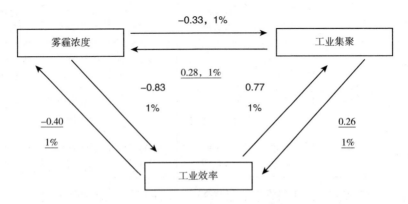

图 4.1 雾霾污染、工业集聚与工业效率的作用关系

0.28%，同时工业效率提高 0.26%；此时，工业效率每提高 1%，雾霾浓度会降低 0.40%。这一作用过程表明，工业集聚水平的提高推动了工业效率的提升，但提升的工业效率不足以抵消工业集聚对雾霾污染的正向作用，从而最终表现为工业集聚会带来雾霾污染程度加深。从以上作用机制可以看出，工业效率在雾霾污染和工业集聚之间充当中间变量的作用，调节了二者之间的相互作用关系。

（2）雾霾浓度方程估计结果分析。

估计结果显示，2SLS 和 3SLS 估计系数符号及显著性没有较大差异。工业集聚估计系数为正且显著，工业效率估计系数为负且显著，说明工业集聚会导致雾霾污染程度加深，同时，工业效率提高会降低雾霾污染的程度。这一结果与现有研究结论一致。就我国目前工业化发展阶段而言，工业经济发展的重要领域依然是劳动密集型和资源密集型产业。由此，工业集聚水平提高势必会带来工业劳动力集聚和工业能源资源的大量投入，由于科技应用水平较低，清洁能源尚未大规模使用，清洁技术手段也未得到广泛应用，从而导致工业集聚所带来的环境负外部性无法消除，雾霾污染程度由此加深。工业效率提高，一方面来源于工业能源资源利用率的提高，另一方面来源于科技应用水平的提高，科技应用水平的提高可以使清洁技术和清洁能源得到有效使用，这二者均可以带来污染程度的有效降低。

从 3SLS 估计结果看，产业结构和对外开放度的估计系数均为正，且分别在 10% 和 1% 的统计水平下显著。这说明，工业产业比重越大、外资水平越高，会促进雾霾污染程度的加深。这一结果与部分学者的研究结果吻合。一方面，由于我国政府对外资的环境管制标准较低，导致大量污染型外资企业转移到我国（马丽等，2003）；另一方面，目前在国际上尚未对外商直接投资的环境准入形成统一规则，这导致国家（地区）之间在招商引资上形成恶性竞争，甚至不惜以牺牲环境为代价（沙文兵，石涛，2006）。科技进步水平估计系数为负且在 10% 的统计水平下显著，这表明科技进步可以有效降低污染程度。相对经济发展水平估计系数为正，且在 5% 的估计水平下显著。相对城市化水平估计系数为负，且在 1% 的统计水平下显著。这表明，经济发展水平提高会导致雾霾污染程度增加，城市化水平提高反而会降低雾霾污染程度。这说明，从目前情况来看，经济发展水平的提高会加重环境污染程度。我国经济发展的主要产业依然是工业，但工业经济发展方式依然粗放，这导致经济规模增加的同时带来环境污染程度的增加。城市化水平较高的地区通常集聚了大批优秀的科研院校，同时，这些地区的群众普遍具有较高的环保意识，这两方面因素均有利于环保技术的开发应用和环保理念的普及。地区虚拟变量，东部地区和西部地区估计系数均为负，且分别在5%和1%的统计水平下显著，代表中部地区的常数项为正，且在1%的统计水平下显著。这表明，相比而言，东部和西部地区污染程度较低，而中部地区污染程度较高。

（3）工业集聚方程估计结果分析。

2SLS与3SLS估计结果基本一致。雾霾浓度估计系数为负，且在1%的统计水平下显著。工业效率估计系数为正，且在1%统计水平下显著。这说明，雾霾污染程度加深导致工业集聚水平降低，工业效率提高会促进工业集聚水平提高。2013年以来，已有部分外商企业从中国撤离，一些内资企业也选择从污染严重的城市转移到环境较好的城市。已有研究也认为，环境污染存在对FDI的挤出效应（史长宽，2014）。这些均表明，污染程度加深会降低集聚水平。较高的工业效率能够有效优化当地投资环境，从而有利于吸引外来资本集聚，提高工业集聚水平。

工业能源密度和工业资本密度的估计系数均为正，且均在1%的统计水平下显著。这表明，我国工业集聚依然在很大程度上依靠工业资本和工业能源的集聚。相对规模经济对工业集聚的影响并不显著。交通便利度的估计系数为正，且在5%的统计水平下显著。这说明，交通便利可以优化投资环境，吸引资本集聚。相对经济发展水平和相对城市化水平的估计系数均为正，且分别在5%和1%的统计水平下显著。这说明，经济发展程度和城市化水平是吸引资本集聚的有效因素，这与金煜等（2006）学者的研究一致。地区虚拟变量，东部地区和代表中部地区的常数项估计系数均为正，且分别在1%和5%的统计水平下显著，西部地区估计系数为负，且在5%的统计水平下显著。这表明，相对而言，东部和中部地区的工业集聚水平较高，而西部地区工业集聚水平较低。

（4）工业效率方程估计结果分析。

雾霾浓度估计系数为负，且在1%的统计水平下显著。工业集聚估计系数为正，且在1%的统计水平下显著。这表明，雾霾污染会导致工业效率水平降低；同时，工业集聚水平提高会促进工业效率水平的提高。雾霾污染会使一些优秀的大企业选择搬离到环境较好的地区，而这些企业通常具有较高的生产效率，最终企业的搬离会导致整体效率的降低。工业集聚水平较高的地区，其市场投资环境相对较好，能够吸引高效率的工业投资进入市场，从而提高工业经济整体效率；从微观上看，工业集聚水平越高，企业间越容易获得集聚的正外部性，企业间通过共享、匹配和学习等机制来降低各类生产和运营成本，并形成劳动力蓄水池效应，由此提高工业经济的整体效率。

对外开放度、科技进步程度、教育规模、交通便利度以及工业资本效率的估计系数均为正，且均在5%或1%的统计水平下显著。这表明，对外开放、科技进步、发展教育、交通便利和较高工业资本效率均能够对工业效率产生促进作用。这些因素是良好投资环境的必备要素，能够有效优化投资环境，吸引高效率资本和企业集聚，从而提高工业经济整体效率（陈德文，苗建军，2010；Graff & Neidell，2012）。相对经济发展水平和相对城市化水平估计系数均为正，且均在1%的统计水平下显著，表明经济发展和城市化水平是提高工业效率的重要因素。地区虚拟变量，东部地区显著为正，西部地区显著为负，代表中部地区的常数项不显著。这表明，东部地区的工业效率较高，相对于东部地区，中部地区工业效率并不高，西部地区工业效率则显著较低。

4.3　本 章 小 结

4.3.1　结论

本章将西科恩和霍尔的产出密度理论模型进行扩展，构建了雾霾污染、工业集聚与工业效率之间作用关系的理论模型。采用我国 31 个省区市 2001～2010 年的数据，运用空间计量方法验证了工业集聚对雾霾污染的影响，运用 2SLS 和 3SLS 方法对雾霾污染、工业集聚与工业效率的交互影响进行了验证。根据结果，本章得到了以下研究结论：

首先，工业劳动集聚和工业资本集聚会加重雾霾污染程度，而工业产出集聚则会降低雾霾污染程度；当工业劳均产出效率和工业资本利用率作为交互项加入计量模型后，工业劳动集聚和资本集聚对雾霾污染程度有所降低；工业劳动集聚与雾霾污染之间呈现倒 U 形变化关系，并且目前正处于倒 U 形的上升阶段；雾霾污染和工业产出集聚均表现出显著的空间溢出效应；我国雾霾污染严重地区分布在东中部工业省份，但相对于东部和西部地区，中部地区的雾霾污染最为严重。

其次，雾霾污染、工业集聚和工业效率之间存在交互作用关系。工业集聚会加重雾霾污染程度，而工业效率则能够降低雾霾污染程度；同时，雾霾污染又会导致工业集聚和工业效率的水平下降；工业集聚和工业效率之间存在相互促进作用。工业效率是作用于雾霾污染和工业集聚之间的重要中介力量，工业效率可以降低工业集聚与雾霾污染的负向作用效果，但工业效率的作用依然不能改变二者相互作用的正负关系。经济发展会带来环境污染的负效应，导致雾霾污染加重；而城市化水平的提高会缓解雾霾污染程度。相对而言，中部地区呈现出工业集聚水平较高、但工业效率不高且雾霾污染严重的现状，即工业经济"高集聚、低效率"和环境"重污染"的发展现状。

4.3.2 启示

本章主要的政策启示如下：

第一，我国新型工业化发展应权衡集聚、效率与环境之间的关系。中国新型工业化的内容之一是实现增长方式的集约化，提高工业集聚程度是工业集约化发展的重要体现；同时，提高工业经济效率是新型工业化的效率原则之一。工业集聚程度和工业经济效率的提高将有利于新技术的推广应用，能源和资源的有效利用，以及人力资源的集聚和优势的发挥。二者相辅相成、相互作用，共同推动新型工业化的发展。同时，新型工业化发展的重要原则之一是减少环境污染。但是，从目前情况来看，工业劳动集聚和资本集聚会加剧雾霾污染程度，产生负的环境效应。因此，权衡集聚、效率和环境之间的关系应当在提高劳动力技术水平、提升资源能源利用度以及科技应用和推广方面加大力度，保证从微观企业生产行为、中观产业结构调整和宏观地方政策这三方面同时入手、多管齐下，使集聚、效率与环境实现协调发展。

第二，工业化发展道路与雾霾治理工作应当建立区域协调机制，实现共同发展共同治理模式。本研究表明工业产出集聚与雾霾污染均存在空间溢出效应，即地区间的工业集聚水平和雾霾污染程度存在相互作用和相互影响。我国地区间依然存在着市场分割和行政区分割，这一方面造成地区之间由于利益驱使存在大量产业同构现象，从而导致资源利用效率低下；另一方面造成地区间环境污染治理分割。而工业集聚与雾霾污染本就存在显著的空间依赖效应，这要求地区之间必须建立起协调机制，共同规划布局产业发展格局，共同面对环境污染治理工作。当然，区域间有效协作不仅存在于政府层面，更需要行业间和企业间的通力协作，从宏观、中观、微观三个层面建立起区域协调机制，才能实现共同发展、共同治理的有效模式。

第三，工业集聚与环境治理过程中应重视地区产业结构调整和产业转移的质量。随着我国对中部崛起的重视和支持，京津冀、长三角等经济发达的东部地区的很多高能耗、高污染的产业向与之邻接的中部地区转移。中部一些地区在承接产业转移过程中，为了抢占能够尽快增加产值的项目，便放松了环境管制力度，以牺牲环境为代价换取 GDP 的增长和个人政绩的提升。要改善中部地区面临的现状，必须采取以下几方面的措施：首先，中部地区在承接东部产业转移的过程中，应提高环境标准，尽量多引进低能耗、低污染的工业项目；其次，对中部地区现有的污染产业，要加强环境管制，鼓励企业采用清洁产品和技术；最后，要逐步建立和完善东中部地区污染防治的联动机制，建立污染治理的生态补偿机制。

第四，雾霾治理需要改变粗放型的经济发展方式，重视新型城镇化建设的推进。我国粗放型的经济发展方式是造成雾霾污染的重要原因，经济的粗放型发展往往伴随着较高的能源消耗、较低的能源效率、大量的污染物排放以及以资源和劳动密集型为主的对外贸易模式。因此，对我国而言，雾霾治理需要改变当前粗放型的经济增长方式，通过技术进步和效率提高实现经济的集约发展。同时，实证结果表明，城市化水平的提高有助于降低雾霾污染，因此，推进新型城镇化道路建设是雾霾治理工作的必然选择。

第5章　全要素工业能源效率与雾霾污染的关系研究

5.1　我国全要素工业能源效率与雾霾污染的关系

5.1.1　我国全要素工业能源效率总体现状

（1）我国全要素工业能源效率增长现状分析。

表5.1报告了2002~2012年全国及各区域全要素工业能源效率增长率的变动情况。整体来看，全要素工业能源效率增长率呈M形变化趋势，以2007年为节点，分别在前后两个时间段出现明显增长变动趋势。从均值变动看，全国及东部、中部、西部地区均在2009年达到最大值。从区域差异看，东部地区增长率均值最高，中部地区次之，西部地区最低。从空间分布看，东部地区最小值省份主要分布在江苏、河北和辽宁三省，中部地区最小值省份主要分布在黑龙江、山西和河南三省，而西部地区整体效率不高，分布较为均匀。从标准差变化看，全国及各区域总体呈现下降趋势，其中，东部地区标准差最小，西部地区次之，中部地区最大。

（2）全要素工业能源效率增长与雾霾污染的空间相关性检验。

本节采用Moran's I指数进行空间自相关检验，选取是否相邻作为空间权重。表5.2报告了全要素工业能源效率增长率以及雾霾污染的空间自相关检验结果。表中数据显示，全要素工业能源效率增长率Moran's I值仅在2002年不显著，其余年份均显著为正。PM2.5的Moran's I值在各年份均在1%的统

表 5.1　　　　2002～2012 年全国及各地区全要素工业能源效率增长率情况

项目	地区	2002 年	2003 年	2004 年	2005 年	2006 年	2007 年	2008 年	2009 年	2010 年	2011 年	2012 年
均值	全国	-0.031	0.026	0.056	0.053	0.057	-0.032	0.067	0.070	0.018	0.020	0.022
	东部	-0.020	0.031	0.087	0.068	0.086	-0.037	0.094	0.094	0.013	0.016	0.020
	中部	-0.072	0.025	0.053	0.064	0.051	-0.021	0.068	0.087	0.001	0.008	0.011
	西部	-0.013	0.023	0.026	0.031	0.033	-0.039	0.046	0.037	0.035	0.028	0.025
标准差	全国	0.096	0.060	0.042	0.046	0.039	0.043	0.033	0.043	0.032	0.031	0.029
	东部	0.083	0.053	0.041	0.036	0.038	0.036	0.033	0.044	0.017	0.015	0.014
	中部	0.071	0.073	0.021	0.054	0.036	0.057	0.029	0.035	0.043	0.042	0.039
	西部	0.120	0.061	0.031	0.043	0.021	0.040	0.022	0.026	0.030	0.029	0.028
最小值省份	东部	辽宁	福建	辽宁	江苏	江苏	海南	江苏	河北	河北	河北	河北
	中部	山西	湖北	黑龙江	黑龙江	黑龙江	山西	河南	河南	黑龙江	河南	河南
	西部	甘肃	云南	云南	新疆	甘肃	新疆	内蒙古	内蒙古	新疆	内蒙古	内蒙古

注：根据各省区市历年统计年鉴数据计算得到。

表 5. 2　　　　　　　全要素工业能源效率增长率与 PM2. 5 空间自相关检验

年份	全要素工业能源效率增长率		PM2. 5	
	Moran'I	Z 值	Moran'I	Z 值
2002	0.027	1.189	0.177 ***	5.065
2003	0.051 **	2.093	0.186 ***	5.293
2004	0.141 ***	4.300	0.197 ***	5.568
2005	0.110 ***	3.588	0.180 ***	5.126
2006	0.108 ***	3.452	0.179 ***	5.101
2007	0.042 *	1.910	0.158 ***	4.616
2008	0.042 *	1.912	0.187 ***	5.303
2009	0.054 **	2.138	0.181 ***	5.158
2010	0.042 *	1.910	0.182 ***	5.188
2011	0.043 *	1.920	0.177 ***	5.056
2012	0.045 *	1.940	0.160 ***	4.661

注：*、**、***分别表示在10%、5%和1%的统计水平下显著。全要素工业能源效率增长率根据各省区市历年统计年鉴数据计算得到。PM2. 5 来源于巴特尔研究所、哥伦比亚大学国际地球科学信息网络中心。

计水平下显著为正。这表明全要素工业能源效率增长率与雾霾污染均存在显著的空间溢出效应。

5.1.2　模型构建与数据说明

（1）全要素工业能源效率增长与环境污染关系的理论分析。

在工业生产过程中，各种工业生产要素的投入不仅会产出工业产品，也会产出工业产品的副产品——环境污染（Kirkulak et al.，2011）。本节将能源消耗作为一种工业投入纳入模型生产环节，将环境污染作为一种工业产出纳入模型产出环节，将柯布 – 道格拉斯生产函数进行扩展，用以分析全要素工业能源效率增长与环境污染的理论关系如式（5.1）所示。

$$Y_i = A_i K_i^\alpha N_i^\beta E_i^\gamma \tag{5.1}$$

其中，Y_i、A_i、N_i、K_i、E_i分别表示区域 i 的工业产出总量、全要素工业能源效率、工业就业规模、工业资本规模和工业能源消费量。α、β、γ 分别

表示区域 i 工业资本、工业劳动和工业能源的规模报酬，$0 < \alpha \leqslant 1$，$0 < \beta \leqslant 1$，$0 < \gamma \leqslant 1$。当 $0 < \alpha + \beta + \gamma < 1$ 时，表示规模报酬递减；当 $\alpha + \beta + \gamma = 1$ 时，表示规模报酬不变；当 $\alpha + \beta + \gamma > 1$ 时，表示规模报酬递增。将式（5.1）进行全微分得到：

$$dY_i = \frac{\partial Y_i}{\partial A_i}dA_i + \frac{\partial Y_i}{\partial K_i}dK_i + \frac{\partial Y_i}{\partial N_i}dN_i + \frac{\partial Y_i}{\partial E_i}dE_i \tag{5.2}$$

进一步变形得到：

$$\frac{dY_i}{Y_i} = \frac{A_i}{Y_i}\frac{\partial Y_i}{\partial A_i}\frac{dA_i}{A_i} + \frac{K_i}{Y_i}\frac{\partial Y_i}{\partial K_i}\frac{dK_i}{K_i} + \frac{N_i}{Y_i}\frac{\partial Y_i}{\partial N_i}\frac{dN_i}{N_i} + \frac{E_i}{Y_i}\frac{\partial Y_i}{\partial E_i}\frac{dE_i}{E_i} \tag{5.3}$$

由一阶条件可知：$\frac{A_i}{Y_i}\frac{\partial Y_i}{\partial A_i} = 1$，$\frac{K_i}{Y_i}\frac{\partial Y_i}{\partial K_i} = \alpha$，$\frac{N_i}{Y_i}\frac{\partial Y_i}{\partial N_i} = \beta$，$\frac{E_i}{Y_i}\frac{\partial Y_i}{\partial E_i} = \gamma$，从而得到：

$$\frac{dY_i}{Y_i} = \frac{dA_i}{A_i} + \alpha\frac{dK_i}{K_i} + \beta\frac{dN_i}{N_i} + \gamma\frac{dE_i}{E_i} \tag{5.4}$$

令 $\frac{dY_i}{Y_i} = g_Y$，$\frac{dA_i}{A_i} = g_A$，$\frac{dK_i}{K_i} = g_K$，$\frac{dN_i}{N_i} = g_N$，$\frac{dE_i}{E_i} = g_E$ 分别表示工业产出增长率、全要素工业能源效率增长率、工业资本增长率、工业劳动增长率、工业能源增长率。从而式（5.4）可表示为：

$$g_Y = g_A + \alpha g_K + \beta g_N + \gamma g_E \tag{5.5}$$

工业产品产出伴随着工业污染产出，因而污染与工业产出之间存在一定的函数关系，假设 $P_i = f(Y_i)$，其中，P_i 表示工业污染产出，Y_i 表示工业产出。进而存在以下函数关系：

$$P_i = f(A_i K_i^\alpha N_i^\beta E_i^\gamma) \tag{5.6}$$

同理，对式（5.6）进行全微分和变形，令 $\frac{dP_i}{P_i} = g_P$ 表示污染增长率，可得到：

$$g_P = (g_A + \alpha g_K + \beta g_N + \gamma g_E)\frac{dP_i}{dY_i} \tag{5.7}$$

对式（5.7）进行变形可得到：

$$g_A = \frac{dY_i}{P_i} - \alpha g_K - \beta g_N - \gamma g_E \qquad (5.8)$$

由式（5.8）可以看出，污染产出 P_i 与全要素工业能源效率增长率 g_A 之间存在相互作用关系，并且这种作用关系为负。这与现有研究结论相一致（Verhoef & Nijkamp，2002；He et al.，2013；马丽梅等，2016）。

（2）工业能源效率的测算方法。

第一种，SBM 方向性距离函数。时间 t 存在 n 个决策单元（DMU），每个单位有 k 种投入和 l 种期望产出。对于决策单元 $i(i=1，2，\cdots，n)$，x_i 和 y_i 分别表示投入和期望产出的列向量，$X_{k \times n}$ 和 $Y_{l \times n}$ 代表所有决策单元的投入矩阵和期望产出矩阵。那么，基于 t 时期观察值和 t 时期技术的决策单元的 SBM 方向性距离函数如式（5.9）所示：

$$S_{NLP}{}^t(x_i{}^t, y_i{}^t) = \min \frac{1 - \left(\frac{1}{k}\right)\sum\limits_{k=1}^{k}(s_k{}^{x,-}/x_{k,i}{}^t)}{1 + \left(\frac{1}{l+m}\right)\sum\limits_{l=1}^{l}\left(\frac{s_i{}^{y,+}}{y_{l,i}{}^t}\right)} \qquad (5.9)$$

s. t. $x_i = X\lambda + s_i{}^{x,-}$；$y_i = Y\lambda - s_i{}^{y,+}$；$s_i{}^{x,-} \geqslant 0$；$s_i{}^{y,+} \geqslant 0$；$i'\lambda = 1$；$\lambda \geqslant 0$

其中，$s_i{}^{x,-}$ 和 $s_i{}^{y,+}$ 分别表示过度投入和好产出不足，代表松弛向量。λ 为强度向量，元素和为 1 表示可变规模报酬。$0 < S_{NLP}^t < 1$，数值越大表示效率越高，当 $S_{NLP}^t = 1$，表示该决策单元处于生产前沿面上。

第二种，Luenberger 指数。法尔等（Fare et al.，1994）之后，关于 Malmquist 生产率的研究在学术界得到广泛应用。有学者将该指数扩展为包含环境因素的 Malmquist-Luenberger 指数（Chung et al.，1997）。Malmquist 指数和 Malmquist-Luenberger 指数均要求在成本最小化或收益最大化的假设下对测度角度进行选择。钱伯斯等（Chambers et al.，1996）将 Malmquist 指数和 Malmquist-Luenberger 指数进行一般化处理，发展出一种新的全要素生产率测度方法，即 Luenberger 指数，该指标不要求进行测度角度选择（Boussemart et al.，2003）。钱伯斯等（1996）关于 Luenberger 指数的表达式的描述如式（5.10）所示。Luenberger 指数可分解为四种效率变化，分别为纯效率变化（PEC）、纯技术进步（PTP）、规模效率变化（SEC）和技术规模变化（TP-

SC）。其中，四种效率变化公式如式（5.11）~式（5.14）所示。

$$LTFP_t^{t+1} = \frac{1}{2}[S_c^t(x^t, y^t, b^t; g) - S_c^t(x^{t+1}, y^{t+1}, b^{t+1}; g)]$$

$$+ \frac{1}{2}[S_c^{t+1}(x^t, y^t, b^t; g) - S_c^{t+1}(x^{t+1}, y^{t+1}, b^{t+1}; g)] \quad (5.10)$$

$$PEC_t^{t+1} = S_v^c(x^t, y^t, b^t; g) - S_v^{c+1}(x^{t+1}, y^{t+1}, b^{t+1}; g) \quad (5.11)$$

$$PTP_t^{t+1} = \frac{1}{2}S_v^{t+1}[x^t, y^t, b^t; g) - S_v^t x^t, y^t, b^t; g)]$$

$$+ \frac{1}{2}[S_v^{t+1}(x^{t+1}, y^{t+1}, b^{t+1}; g) - S_v^t(x^{t+1}, y^{t+1}, b^{t+1}; g)] \quad (5.12)$$

$$SEC_t^{t+1} = [S_c^t(x^t, y^t, b^t; g) - S_v^t(x^t, y^t, b^t; g)]$$

$$- [S_c^{t+1}(x^{t+1}, y^{t+1}, b^{t+1}; g) - S_v^{t+1}(x^{t+1}, y^{t+1}, b^{t+1}; g)] \quad (5.13)$$

$$TPSC_t^{t+1} = \frac{1}{2}[S_c^{t+1}(x^t, y^t, b^t; g - S_v^{t+1}(x^t, y^t, b^t; g)]$$

$$- \frac{1}{2}[S_c^t(x^t, y^t, b^t; g) - S_v^t(x^t, y^t, b^t; g)]$$

$$+ \frac{1}{2}[S_c^{t+1}(x^{t+1}, y^{t+1}, b^{t+1}; g) - S_v^{t+1}(x^{t+1}, y^{t+1}, b^{t+1}; g)]$$

$$- \frac{1}{2}[S_c^t(x^{t+1}, y^{t+1}, b^{t+1}; g) - S_v^t(x^{t+1}, y^{t+1}, b^{t+1}; g)] \quad (5.14)$$

其中，S_c 表示规模报酬不变（CRS）下的方向性距离函数，S_v 表示规模报酬可变（VRS）下的方向性距离函数。当 $LTFP$、PEC、PTP、SEC、$TPSC$ 分别大于 0 时，表示全要素生产率增加、效率改善、技术级别、规模效率提高以及技术偏离 CRS；反之，则分别表示全要素生产率下降、效率恶化、技术退步、规模效率下降以及技术向 CRS 移动。

（3）数据选取。

测度全要素工业能源效率增长率所需指标包括投入和产出两大类。投入指标包括工业劳动力规模、工业资本规模、工业能源消费总量，产出指标为工业产出规模。其中，工业产出规模是根据对应年份的价格指数进行折算后的指标。

本节雾霾污染（PM2.5）数据来源于巴特尔研究所、哥伦比亚大学国际地球科学信息网络中心。该机构在范董科拉尔（2010）方法基础上，将中分辨率成像光谱仪（MODIS）和多角度成像光谱仪（MISR）测得的气溶胶光学厚度（AOD）转化为栅格数据形式的全球 PM2.5 数据年均值。本节样本期间为 2002～2012 年，样本个体为我国的 31 个省、自治区和直辖市。本节所用数据（除 PM2.5 数据外）来源于 2002～2013 年《中国统计年鉴》《中国能源统计年鉴》《中国能源统计年报》《中国环境统计年鉴》以及各省区市相应年份统计年鉴。

（4）模型构建。

本节首先采用三阶段最小二乘法（3SLS）对全要素工业能源效率增长率与雾霾污染之间的内生交互作用进行检验，如式（5.15）、式（5.16）所示。

$$tfp_{it} = \beta_0 + \beta_1 \ln pm_{2.5it} + \sum_i \beta_i \ln X_{it} + \mu_{it} \qquad (5.15)$$

$$\ln pm_{2.5it} = \alpha_0 + \alpha_1 tfp_{it} + \sum_i \alpha_i \ln Z_{it} + \varepsilon_{it} \qquad (5.16)$$

在式（5.15）和式（5.16）基础上，将空间因素纳入实证模型，采用广义空间三阶段最小二乘法（GS3SLS）对二者的空间内生交互作用进行进一步检验，如式（5.17）和式（5.18）所示。

$$tfp_{it} = \beta_0 + \rho_1 w_{ij} \times tfp_{it} + \beta_1 \ln pm_{2.5it}$$
$$+ \rho_2 w_{ij} \times \ln pm_{2.5it} + \sum_i \beta_i \ln X_{it} + \mu_{it} \qquad (5.17)$$
$$\ln pm_{2.5it} = \alpha_0 + \rho_3 w_{ij} \times \ln pm_{2.5it} + \alpha_1 tfp_{it}$$
$$+ \rho_4 w_{ij} \times tfp_{it} + \sum_i \alpha_i \ln Z_{it} + \varepsilon_{it} \qquad (5.18)$$

其中，tfp_{it} 表示全要素工业能源效率增长率，PM2.5 表示雾霾污染浓度，X_{it} 和 Z_{it} 分别代表一系列控制变量，μ_{it} 和 ε_{it} 表示误差项，w_{ij} 为空间权重矩阵，ρ_{it} 为空间回归系数，β 和 α 为回归系数。X_{it} 包括以下变量：工业产权结构（soe）、政府干预程度（gov）、经济发展水平（gdp）、产业结构（stru）、对外开放水平（open）、科技进步水平（tech）、煤炭消费结构（coal）、东部地区（east）、西部地区（west）。Z_{it} 包括以下变量：工业集聚（agg）、规模经济（firm）、环境规制（reg）、经济发展水平（gdp）、产业结构（stru）、对外开放水平（open）、科技进步水平（tech）、煤炭消费结构（coal）、东部地区（east）、西部地区（west）。本节采用空间邻近作为空间权重，构建空间权重矩阵。当两地相邻时，空间权重 $w_{ij}=1$；当两地不相邻时，空间权重 $w_{ij}=0$。

（5）变量说明。

变量选取包括内生变量与一系列控制变量，具体的变量说明如表 5.3 所示。

表 5.3　　　　　　　　　　　　　　变量说明

变量类别	变量名称	指标名称	变量含义	单位
内生变量	tfp	全要素工业能源效率增长率	Luenberger 全要素工业能源效率增长率	—
	$pm_{2.5}$	雾霾污染	PM2.5 浓度	μg/m³
控制变量	soe	工业产权结构	国有及国有工业企业产出占全部工业企业产出比重	%
	gov	政府干预程度	财政支出总额占 GDP 比重	%
	agg	工业集聚	地区单位面积上工业从业人员数量与全国均值之比	%
	$firm$	规模经济	地区规模以上工业企业数与全国均值之比	%
	reg	环境规制	环境污染治理投资占 GDP 比重	%
	gdp	经济发展水平	地区 GDP 与全国均值之比	%
	$stru$	产业结构	工业 GDP 占 GDP 比重	%
	$open$	对外开放水平	外商投资占 GDP 比重	%
	$tech$	科技进步水平	科技事业费占一般财政支出比重	%
	$coal$	煤炭消费结构	煤炭能源消费量占能源消费总量比重	%
	$east$	东部地区	是否是东部地区	0 或 1
	$west$	西部地区	是否是西部地区	0 或 1

内生变量。雾霾污染（PM2.5）采用单位空间内 PM2.5 含量进行测度。全要素工业能源效率增长率（tfp）采用 Luenberger 指数法计算得到的全要素工业能源生产率增长率进行测度。

影响全要素工业能源效率增长率的控制变量。政府干预程度（gov）采用财政支出总额占 GDP 比重进行测度。财政分权体制下，地方政府过多干预企业发展，会导致企业的非良性竞争，带来重复建设和能源浪费，从而造成能源效率降低（师博，沈坤荣，2013）。工业产权结构（*soe*）采用国有及国有工业企业产出占全部工业企业产出比重进行测度。工业产权结构是影响能源效率的重要因素，由于国有工业企业效率相对低下，国有工业产出比重越大可能会导致工业能源效率水平越低下（王喜平，姜晔，2013；张志辉，2015）。

影响雾霾污染的控制变量。工业集聚（*agg*）采用单位面积上工业从业人员数量进行测度，工业集聚是造成环境污染的重要因素之一（马丽梅，张晓，2014）。规模经济（*firm*）采用地区规模以上工业企业数与全国均值之比进行测度。规模经济是集聚经济的重要表现（傅十和，洪俊杰，2008），对环境污染可能产生重要影响。环境规制（*reg*）采用环境污染治理投资占 GDP 比重进行测度。环境规制可以有效控制企业排污行为，从而降低环境污染程度（黄茂兴，林寿富，2013）。

影响全要素工业能源效率增长率和雾霾污染的控制变量。经济发展水平（*gdp*）采用地区 GDP 与全国 GDP 之比进行测度。现有研究认为，经济发展水平是影响工业能源效率的重要因素（张志辉，2015），也是影响环境污染的重要因素（Grossman & Krueger，1991）。产业结构（*stru*）采用工业 GDP 占 GDP 比重进行测度。已有研究认为，工业产出比重越大工业能源效率水平越低、环境污染程度越高（张志辉，2015；马丽梅，张晓，2014）。对外开放水平（*open*）采用外商投资占 GDP 比重进行测度。对外开放水平是影响大气污染的重要因素，同时也是影响工业能源效率的重要因素，但作用的方向是不确定的（Kirkulak et al.，2011）。科技进步水平（*tech*）采用科技事业费占一般财政支出比重进行测度。现有研究认为，科学技术投入可以加大清洁环保技术的应用，从而降低污染程度；同时，科技进步水平能够对工业能源效率产生重要作用（Wang & Jin，2007；姜磊，季民河，2011）。能源消费结构（*coal*）采用煤炭能源消费量占能源消费总量比重进行测度。能源消费结构对工业能源效率具有显著的负向影响，并且是导致雾霾污染问题日趋严重的重要因素（茹少峰，雷振宇，2014）。

5.1.3 实证结果与分析

由联立方程模型的阶条件可知，本节构建的模型为过度识别模型，可以进行总体参数估计。本节首选运用 3SLS 对整个联立方程系统进行估计，因为当包含内生解释变量时，3SLS 的估计结果比 2SLS 更有效率。在此基础之上，运用 GS3SLS 对包含空间因素的联立方程系统进行估计。为了避免多重共线性对估计结果造成影响，首先对方程的解释变量进行多重共线性检验。各变量之间的相关系数均小于 0.8，各变量的 VIF 值均小于 6 且 VIF 均值小于 3，这说明各变量之间不存在明显的多重共线性。表 5.4 报告了实证检验结果，其中，方程二在方程一的基础上增加了经济发展水平的平方项，以检验经济发展水平与雾霾污染和全要素工业能源效率增长之间的非线性关系。

表 5.4　　　　　　　　　　　3SLS 和 GS3SLS 估计结果

变量	雾霾污染方程				全要素工业能源效率增长方程			
	方程一		方程二		方程一		方程二	
	3SLS	GS3SLS	3SLS	GS3SLS	3SLS	GS3SLS	3SLS	GS3SLS
tfp	− 1.933 * (− 1.78)	− 4.651 *** (− 4.82)	− 3.090 *** (− 2.62)	− 4.330 *** (− 4.78)				
$w \times tfp$		2.946 ** (2.18)		2.900 ** (2.30)		0.645 *** (3.83)		0.646 *** (3.88)
$\ln pm_{2.5}$					− 0.022 (− 1.08)	− 0.042 *** (− 3.00)	− 0.070 * (− 1.88)	− 0.043 ** (− 2.51)
$w \times \ln pm_{2.5}$		0.315 ** (2.13)		0.281 * (1.95)		− 0.040 * (− 1.94)		− 0.032 * (− 1.65)
$\ln agg$	0.143 *** (2.84)	0.133 *** (2.66)	0.121 ** (2.34)	0.095 ** (2.01)				
$\ln firm$	0.320 *** (9.67)	0.292 *** (8.26)	0.308 *** (9.15)	0.274 *** (8.35)				
$\ln reg$	− 0.190 *** (− 2.57)	− 0.175 ** (− 2.50)	− 0.273 *** (− 3.62)	− 0.222 *** (− 3.01)				

变量	雾霾污染方程				全要素工业能源效率增长方程			
	方程一		方程二		方程一		方程二	
	3SLS	GS3SLS	3SLS	GS3SLS	3SLS	GS3SLS	3SLS	GS3SLS
lnsoe					-0.042 *** (-3.45)	-0.032 *** (-2.68)	-0.021 (-1.34)	-0.029 ** (-2.29)
lngov					-0.104 *** (-4.83)	-0.035 * (-1.81)	-0.146 *** (-4.25)	-0.040 * (-1.86)
$(\ln gdp)^2$			-0.475 *** (-5.34)	-0.467 *** (-5.34)			-0.072 ** (-2.18)	0.015 (0.78)
lngdp	0.260 *** (2.87)	0.204 ** (2.13)	4.798 *** (5.59)	4.677 *** (5.55)	0.037 ** (2.53)	0.018 (1.24)	0.725 ** (2.27)	-0.123 (-0.67)
lnstru	0.458 *** (2.80)	0.463 *** (2.83)	0.316 * (1.83)	0.097 (0.75)	-0.052 *** (-2.68)	-0.030 (-1.53)	-0.069 *** (-3.03)	-0.022 (-1.08)
lnopen	0.118 *** (2.76)	0.132 *** (2.74)	0.083 * (1.92)	0.089 * (1.97)	-0.018 *** (-2.61)	-0.004 (-0.55)	-0.017 ** (-2.41)	-0.005 (-0.73)
lntech	-0.005 (-0.13)	-0.036 (-0.90)	-0.056 (-1.42)	-0.048 * (-1.79)	0.035 *** (4.83)	0.019 *** (2.78)	0.037 *** (4.68)	0.021 *** (3.10)
lncoal	0.188 *** (2.80)	0.233 *** (3.31)	0.286 *** (4.14)	0.291 *** (4.37)	-0.009 (-0.90)	-0.113 (-1.25)	0.001 (0.05)	-0.016 (-1.52)
east	-0.117 (-1.25)	-0.198 * (-1.79)	-0.110 (-1.14)	-0.130 (-1.26)	0.003 (0.17)	0.017 (1.04)	0.013 (0.73)	0.012 (0.72)
west	-0.089 (-1.32)	-0.102 (-1.43)	-0.214 *** (-2.95)	-0.226 *** (-3.22)	-0.013 (-1.22)	-0.014 (-1.33)	-0.001 (-0.01)	-0.019 * (-1.71)
cons	3.717 *** (5.38)	2.900 *** (3.30)	14.881 *** (7.15)	14.008 *** (6.40)	-0.070 (-0.45)	-0.201 (-1.32)	-1.904 * (-1.95)	-0.529 (-0.99)

注：*、**、***分别表示在10%、5%和1%的统计水平下显著，括号内为 z 值。

（1）雾霾污染方程估计结果分析。

第一，全要素工业能源效率增长率对雾霾污染的影响分析。整体来看，全要素工业能源效率增长对雾霾污染具有负向影响，即全要素工业能源效率水平提高能够降低雾霾污染水平。方程一和方程二中，工业能源效率增长率的估计系数均显著为负。其中，方程一和方程二中，不包含空间因素的估计系数分别为 -1.933 和 -3.090；包含空间因素的估计系数分别为 -4.651 和 -4.330。包含空间因素后，使得方程一和方程二的估计系数绝对值大大增加。这表明，考虑空间因素后，全要素工业能源效率增长对雾霾污染的抑制作用大大提高。

空间滞后项的估计结果显示，全要素工业能源效率增长和雾霾污染的空间滞后项均显著为正，这表明，二者均存在显著的空间溢出效应。周边地区雾霾污染增加会导致本地区雾霾污染增加，周边地区全要素工业能源效率提升也会导致本地区雾霾污染水平加重。因此，就我国整体而言，雾霾污染问题上表现为"一荣俱荣，一损俱损"的现状。

第二，控制变量估计结果分析。两组方程的估计结果显示，工业集聚、规模经济、经济发展水平、产业结构、对外开放水平、能源消费结构的估计系数在多数方程中的估计结果显著为正。这表明，工业集聚、经济发展、以工业为主的产业结构以及以煤炭消费为主的能源消费结构，是造成雾霾污染的重要因素，这与现有研究和现实情况相符（马丽等，2003；沙文兵，石涛，2006）。环境规制的估计系数均显著为负，科技进步水平的估计系数仅在方程二的 GS3SLS 估计结果中显著为负。这表明，环境管制对雾霾污染的管控已开始发挥作用，而科技进步对我国雾霾污染问题的改善尚不显著。

方程二中，加入了经济发展水平的二次项后，经济发展水平估计系数比方程一中的显著性明显提高许多，且在 1% 的统计水平下显著为正，其平方项估计系数在 1% 的统计水平下显著为负。这表明，经济发展水平与雾霾污染之间存在倒 U 形变动关系，即存在环境库茨涅兹曲线。

地区虚拟变量估计结果显示，东部地区和西部地区的估计系数为负，但显著性偏低，常数项估计系数均显著为正。这表明，相对于东部和西部地区而言，中部地区的雾霾污染情况最为严重。对于中部地区，工业是该地区经济发展的主导产业，这里汇聚了众多大型国有重工业企业，这些企业通常工业资源能源利用效率低下、缺乏清洁能源和先进技术。另一方面，中部地区承接了大批由东部地区转移而来的污染型企业，更进一步加重了中部地区大气污染问题。

（2）全要素工业能源效率增长方程估计结果分析。

第一，雾霾污染对全要素工业能源效率增长的影响分析。在两组方程中，不考虑空间因素时，雾霾污染的估计系数显著性较低；考虑空间因素时，估计系数分别在 5% 和 1% 的统计水平下显著为负。这表明，考虑空间因素后，雾霾污染对全要素工业能源效率的增长具有显著的抑制作用。雾霾污染水平每增加 1%，工业能源效率水平会降低约 0.04%。这表明，空间因素能够增强雾霾污染对全要素工业能源效率增长的负向影响。

空间滞后项的估计结果显示，在两组方程中，雾霾污染的空间滞后项均在 10% 的统计水平下显著为正，全要素工业能源效率增长的空间滞后项均在 1% 的统计水平下显著。这表明，周边地区全要素工业能源效率增长能够带动本地区全要素工业能源效率增长；同时，周边地区雾霾污染能够使本地区全要素工业能源效率降低。这一结果与前述估计结果相一致。

第二，控制变量估计结果分析。在两组方程中，产权结构、政府干预程度、产业结构的估计系数在多数估计结果中显著为负。这表明，国有工业产出占比越高、政府干预程度越高、工业产出比重越高越不利于工业能源效率水平的提升。不考虑空间因素时，对外开放水平估计系数显著为负。现有研究认为，外商投资尚未对中国工业能源效率产生明显的推动作用，反而由于一些污染型企业的输入导致工业能源效率水平下降（马丽等，2003）。

加入经济发展水平的二次项后，考虑空间因素时，全要素工业能源效率增长与经济发展水平二次项之间呈现显著的负相关性，同时与经济发展水平呈现显著的正相关性。这表明，经济发展水平与全要素工业能源效率增长之间也存在倒 U 形曲线关系，且目前处于上升阶段。

地区虚拟变量估计结果显示，东部地区估计系数为正但不显著，西部地区和常数项估计系数仅在部分估计结果中显著为负。这表明，相对于东部地区，中部、西部地区全要素工业能源效率水平较低。结合前述分析可以看出，相对于东部和西部地区，中部地区表现出"高污染"和"低效率"共存的发展现状。

5.2 典型区域全要素工业能源效率与 雾霾污染的关系

5.2.1 长江经济带全要素工业能源效率的总体现状

本节从时间层面和区域内部层面两个方面对长江经济带全要素工业能源效率现状进行分析。表 5.5 为 2003～2012 年长江经济带全要素工业能源全要素生产率及分解效率指标。表 5.6 为 2003～2012 年长江经济带各区域工业能源全要素生产率及分解效率指标均值。

表 5.5　　　　2003～2012 年长江经济带历年全要素工业能源效率及分解指标

年份	技术进步效率	纯技术效率	规模效率	Malmquist 指数	Malmquist 指数增长率（%）
2003～2004	1.052	0.960	0.920	0.928	−7.2
2004～2005	0.946	0.985	1.036	0.965	−3.5
2005～2006	0.865	1.046	1.084	0.980	−2.0
2006～2007	1.008	0.950	0.955	0.915	−8.5
2007～2008	0.985	0.995	1.012	0.992	−0.8
2008～2009	0.972	0.991	1.013	0.976	−2.4
2009～2010	0.990	1.078	0.990	1.057	5.7
2010～2011	1.032	0.949	0.943	0.923	−7.7
2011～2012	0.949	1.028	1.006	0.981	−1.9
均值	0.978	0.998	0.995	0.969	−3.1

注：根据各省市历年统计年鉴数据计算得到。

表 5.6　　　　长江经济带各地区全要素工业能源效率及分解指标

地区	技术进步效率	纯技术效率	规模效率	Malmquist 指数	Malmquist 指数增长率（%）
上海	1.041	1.000	0.994	1.035	3.5
江苏	1.037	1.021	0.943	0.998	−0.2

续表

地区	技术进步效率	纯技术效率	规模效率	Malmquist 指数	Malmquist 指数增长率（%）
浙江	1.000	0.980	0.956	0.937	−6.3
安徽	1.000	0.985	0.985	0.970	−3.0
下游地区均值	1.020	0.997	0.970	0.985	−1.5
江西	0.969	1.009	1.006	0.983	−1.7
湖南	0.980	0.999	0.996	0.975	−2.5
湖北	1.038	1.003	0.997	1.038	3.8
中游地区均值	0.996	1.004	1.000	0.999	−0.1
云南	1.061	1.000	0.968	1.027	2.7
贵州	0.928	1.000	1.007	0.934	−6.6
四川	0.925	0.994	1.004	0.923	−7.7
重庆	0.995	1.000	1.000	0.995	−0.5
上游地区均值	0.977	0.999	0.995	0.970	−3.0

注：根据各省市历年统计年鉴数据计算得到。

表 5.5 报告的数据显示，2003～2012 年长江经济带全要素能源效率的 Malmquist 指数均值为 0.969，分解效率中纯技术效率、规模效率和技术进步效率分别为 0.998、0.995 和 0.978，未实现技术进步。十年间，仅在 2010 年全要素工业能源效率实现技术进步，Malmquist 指数为 1.057。从分解效率看，技术进步效率在 2004 年、2007 年和 2011 年大于 1，最大值为 2004 年的 1.052；纯技术效率在 2006 年、2010 年和 2012 年大于 1，最大值为 2010 年的 1.078；规模效率在 2006 年取得最大值 1.084。

表 5.6 报告的数据反应出以下几方面问题。第一，从长江经济带内部区域划分看：中游地区工业能源效率最高，下游地区最低。下游、中游和上游地区工业能源效率的 Malmquist 指数均值分别为 0.985、0.999 和 0.970。第二，从三个区域的分解效率看：下游地区技术进步效率最高，达到 1.020；中游地区纯技术效率最高，达到 1.004；上游地区三个分解效率均未实现技术进步。第三，从各省市数据来看：工业能源效率的 Malmquist 指数最高省份为湖北的 1.038，其次为上海的 1.035 和云南的 1.027，其余省市均为取得技术进

步。第四，从各省市分解效率看：技术进步效率最高省份为云南的 1.061，其次为上海的 1.041，湖北的 1.038、江苏的 1.037；纯技术效率最高省份为江苏的 1.021，其次为江西的 1.009 和湖北的 1.003；规模效率最高省份为贵州的 1.007，其次为江西的 1.006 和四川的 1.004。

5.2.2　模型构建与数据说明

（1）全要素工业能源效率测算方法。

针对长江经济带全要素工业能源效率测定的量化方法，本节将采用以效率产出为导向的 DEA-Malmquist 指数法。M_0^t 表示决策单元 DMU_0 在 t 期的 Malmquist 全要素生产率指数，(x^t, y^t) 和 (x^{t+1}, y^{t+1}) 分别表示第 t 期和 $t+1$ 期的投入产出向量，$D_0^t(x^{t+1}, y^{t+1})$ 表示技术水平不变条件下的第 $t+1$ 期距离函数，$D_0^t(x^t, y^t)$ 表示以本期技术水平为参照下的本期产出距离函数。

图 5.1 是产出角度的 Malmquist 全要素生产率指数。其中，T^t 和 T^{t+1} 分别表示第 t 期和第 $t+1$ 期生产技术下的生产可能集，(x^t, y^t) 和 (x^{t+1}, y^{t+1}) 分别是 T^t 和 T^{t+1} 技术条件下的生产可行点，因此分别得到 $D_0^t(x^t, y^t) \leqslant 1$，$D_0^t(x^{t+1}, y^{t+1}) > 1$。当从第 t 期到 $t+1$ 期发生技术进步时可得到：

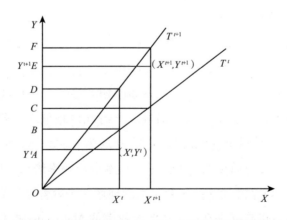

图 5.1　产出角度 Malmquist 全要素生产率指数

$$M_0^{t+1} = \frac{OE}{OC} \Big/ \frac{OA}{OB} > 1 \tag{5.19}$$

根据法尔等（1994）的研究，可将以 t 和 $t+1$ 期为技术参照的 Malmquist 指数定义为式（5.20）：

$$M_0^{t+1}(x^t, y^t, x^{t+1}, y^{t+1}) = \frac{D_0^{t+1}(x^{t+1}, y^{t+1})}{D_0^t(x^t, y^t)} \times \left[\frac{D_0^t(x^{t+1}, y^{t+1})}{D_0^{t+1}(x^{t+1}, y^{t+1})} \times \frac{D_0^t(x^t, y^t)}{D_0^{t+1}(x^t, y^t)} \right]^{\frac{1}{2}}$$

$$\tag{5.20}$$

式（5.20）中，等号右边第一项表示技术效率变化（TEC），第二项表示技术进步变化（TC），第一项又可分解为纯技术效率变化（PTEC）和规模效率变化（SEC），进一步分解得到式（5.21）：

$$M_0^{t+1}(x^t, y^t, x^{t+1}, y^{t+1}) = \frac{D_v^{t+1}(x^{t+1}, y^{t+1})}{D_v^t(x^t, y^t)} \times \left[\frac{D_v^t(x^t, y^t)}{D_c^t(x^t, y^t)} \Big/ \frac{D_v^{t+1}(x^{t+1}, y^{t+1})}{D_c^{t+1}(x^{t+1}, y^{t+1})} \right]$$

$$\times \left[\frac{D_c^t(x^{t+1}, y^{t+1})}{D_c^{t+1}(x^{t+1}, y^{t+1})} \times \frac{D_c^t(x^t, y^t)}{D_c^{t+1}(x^t, y^t)} \right] \tag{5.21}$$

式（5.21）中，D_v 为规模报酬可变下的距离函数，D_c 为规模报酬不变下的距离函数。等号右边第一项为纯技术效率变化（PTEC），第二项为规模效率变化（SEC），第三项为技术进步变化（TC）。当 $M_0^{t+1} > 1$ 时，全要素工业能源效率进步，当纯技术效率变化、规模效率变化和技术进步变化大于 1 时，表示这三个指标各自实现效率进步。

（2）数据选取。

测度全要素工业能源效率所需要的指标包括投入和产出两类指标。投入指标包括工业劳动力、工业资本、工业能源消费量，产出指标为工业产出。其中，工业产出指标是根据对应年份的价格指数进行折算后的指标。

本节雾霾数据来源于巴特尔研究所、哥伦比亚大学国际地球科学信息网络中心。该机构在范董科拉尔（2010）方法基础上，将中分辨率成像光谱仪（MODIS）和多角度成像光谱仪（MISR）测得的气溶胶光学厚度（AOD）转化为栅格数据形式的全球 PM2.5 数据年均值。本节样本期间为 2003～2012 年，样本个体为长江经济带 11 个省市。本节所用数据（除雾霾数据外）来源于 2004 ~ 2013 年的《中国统计年鉴》《中国环境统计年鉴》《中国能源统计年鉴》《中国能源统计年报》《中国工业经济统计年鉴》以及各省市相应年份统计年鉴。

(3) 模型构建。

本节采用二阶段最小二乘法（2SLS）和三阶段最小二乘法（3SLS），以及广义空间两阶段最小二乘法（GS2SLS）和广义空间三阶段最小二乘法（GS3SLS）对全要素工业能源效率和雾霾污染之间的相互作用关系进行计量检验。首先，构建 2SLS 和 3SLS 模型，如式（5.22）和式（5.23）所示。

$$\ln tfp_{it} = \beta_0 + \beta_1 \ln pm_{2.5it} + \sum_i \beta_i \ln X_{it} + \mu_{it} \quad (5.22)$$

$$\ln pm_{2.5it} = \alpha_0 + \alpha_1 \ln tfp_{it} + \sum_i \alpha_i \ln Z_{it} + \varepsilon_{it} \quad (5.23)$$

在式（5.22）和式（5.23）基础上，将空间滞后项纳入联立方程中，构建 GS2SLS 和 GS3SLS 模型以考察全要素工业能源效率与雾霾污染的空间溢出效应，如式（5.24）和式（5.25）所示。

$$\ln tfp_{it} = \beta_0 + \rho_1 w_{ij} \times \ln tfp_{it} + \beta_1 \ln pm_{2.5it}$$
$$+ \sum_i \beta_i \ln X_{it} + \mu_{it} \quad (5.24)$$
$$\ln pm_{2.5it} = \alpha_0 + \rho_2 w_{ij} \times \ln pm_{2.5it} + \alpha_1 \ln tfp_{it}$$
$$+ \sum_i \alpha_i \ln Z_{it} + \varepsilon_{it} \quad (5.25)$$

其中，tfp_{it} 表示全要素工业能源效率，$pm_{2.5it}$ 表示 PM2.5 浓度，X_{it} 和 Z_{it} 分别代表一系列控制变量，μ_{it} 和 ε_{it} 表示误差项，w_{ij} 为空间权重矩阵，ρ 为空间回归系数，β 和 α 为回归系数。X_{it} 包括以下变量：经济发展水平（gdp）、产业结构（stru）、工业产权结构（soe）、对外开放水平（open）、科技进步水平（tech）、政府干预程度（gov）、煤炭消费结构（coal）、电力消费结构（elec）、下游地区（low）、中游地区（mid）。Z_{it} 包括以下变量：工业劳动产出效率（y）、产业结构（stru）、规模经济（firm）、对外开放水平（open）、科技进步水平（tech）、煤炭消费结构（coal）、电力消费结构（elec）、城市化水平（urb）、下游地区（low）、中游地区（mid）。

（4）指标说明。

内生变量。雾霾污染程度（PM2.5）采用单位空间内 PM2.5 含量进行测度。工业能源效率（*tfp*）采用 DEA-Malmquist 指数法计算得到的全要素工业能源效率进行测度。

影响全要素工业能源效率的控制变量。经济发展水平（*gdp*）采用地区 GDP 与长江经济带 GDP 之比进行测度，经济发展水平是影响工业能源效率的重要因素（张志辉，2015）。政府干预程度（*gov*）采用财政支出总额占 GDP 比重进行测度。财政分权体制下，地方政府过多干预企业发展，会导致企业的非良性竞争，带来重复建设和能源浪费，从而造成能源效率降低（师博，沈坤荣，2013）。工业产权结构（*soe*）采用国有及国有工业企业产出占全部工业企业产出比重进行测度。由于国有工业企业效率相对低下，国有工业产出比重越大可能会导致工业能源效率水平低下（王喜平，姜晔，2012）。

影响雾霾污染的控制变量。工业劳动产出效率（*y*）采用劳均工业产出规模进行测度，劳动力与资本的有效组合可以提高产业效率（Verhoef & Nijkamp，2002）。相对规模经济（*firm*）采用地区规模以上工业企业数与全国均值之比进行测度。规模经济是集聚经济的重要表现，对环境污染可能产生重要影响（傅十和，洪俊杰，2008）。相对城市化水平（*urb*）采用地区城市化率与全国均值之比进行测度，城市化发展也是造成环境污染的重要原因之一（江笑云，汪冲，2013）。

影响全要素工业能源效率和雾霾污染的控制变量。产业结构（*stru*）采用工业 GDP 占 GDP 比重进行测度。已有研究认为，工业产出比重越大工业能源效率水平越低、环境污染程度越高（马丽梅，张晓，2014）。对外开放水平（*open*）采用外商投资占 GDP 比重进行测度。对外开放水平是影响大气污染和工业能源效率的重要因素（Kirkulak et al.，2010）。科技进步水平（*tech*）采用研发经费支出占 GDP 比重进行测度。现有研究普遍认为，科学技术投入可以加大清洁环保技术的应用，从而降低污染程度（Prakash & Potoski，2006；Wang & Jin，2007）。煤炭能源消费结构（*coal*）采用煤炭能源消费量占能源消费总量比重进行测度，电力能源消费结构（*elec*）采用电力能源消费量占能源消费总量比重进行测度。已有研究认为，能源消费结构对工业能源效率具有显著的负向影响，并且是导致雾霾污染问题日趋严重的重要因素（茹少峰，雷振宇，2014）。

5.2.3　实证结果与分析

由联立方程模型的阶条件可知，本节构建的模型为过度识别模型，可以进行总体参数估计。本节首选运用 2SLS 和 3SLS 对整个联立方程系统进行估计，因为当包含内生解释变量时，3SLS 的估计结果比 2SLS 更有效率。在此基础之上，运用 GS2SLS 和 GS3SLS 对包含空间因素的联立方程进行系统估计。为了避免多重共线性对估计结果造成影响，首先对方程的解释变量进行了多重共线性检验。各变量之间的相关系数均小于 0.8，各变量的 VIF 值均小于 6 且 VIF 均值小于 3。这说明各变量之间不存在明显的多重共线性。

表 5.7 报告了联立方程的估计结果。其中，方程一为不包含空间因素的联立方程估计结果，方程二为包含空间因素的联立方程估计结果。在方程一中，3SLS 的估计结果优于 2SLS；在方程二中，GS3SLS 的估计结果优于GS2SLS；从整体看，由于包含了空间因素，方程二的估计结果要优于方程一。

表 5.7　　　　　　　　　　　　　　　**联立方程估计结果**

变量	雾霾污染方程				全要素工业能源效率方程			
	方程一		方程二		方程一		方程二	
	2SLS	3SLS	GS2SLS	GS3SLS	2SLS	3SLS	GS2SLS	GS3SLS
$\ln tfp$	-0.265 * (-1.84)	-1.387 *** (-10.14)	-0.065 (-0.70)	-0.205 ** (-2.27)				
$w \times \ln tfp$							0.040 (0.75)	0.146 *** (3.72)
$\ln pm_{2.5}$					-1.106 *** (-5.04)	-0.891 *** (-5.08)	-0.275 *** (-2.71)	-0.388 *** (-4.02)
$w \times \ln pm_{2.5}$			0.004 (0.52)	0.049 *** (3.20)				
$\ln y$	-0.773 *** (-6.60)	0.086 (0.71)	-0.876 *** (-9.10)	-0.323 ** (-2.16)				
$\ln firm$	-0.328 *** (-4.78)	-0.097 (-1.14)	-0.343 *** (-5.39)	-0.392 *** (-6.26)				

变量	雾霾污染方程				全要素工业能源效率方程			
	方程一		方程二		方程一		方程二	
	2SLS	3SLS	GS2SLS	GS3SLS	2SLS	3SLS	GS2SLS	GS3SLS
lnurb	0.038 (0.15)	0.240 (1.43)	−0.184 (−0.86)	−0.711 *** (−3.09)				
lngdp					0.975 *** (5.67)	0.074 (0.96)	0.679 *** (5.84)	1.179 *** (7.70)
lnsoe					−0.002 (−0.01)	0.137 (1.44)	−0.300 ** (−2.43)	−0.682 *** (−4.88)
lngov					−1.078 *** (−3.91)	−0.062 (−0.61)	−0.387 * (−1.92)	−0.855 *** (−3.97)
ln$stru$	0.210 (0.78)	−0.563 (−0.13)	0.204 (0.82)	0.141 (0.60)	0.303 (0.85)	−0.004 (−0.10)	0.285 (1.10)	0.362 (1.50)
ln$open$	−0.049 (−0.78)	0.133 (1.30)	−0.060 (−1.02)	0.147 * (1.90)	0.159 * (1.95)	0.096 (1.20)	0.027 (0.40)	0.193 *** (3.27)
ln$tech$	−0.059 (−0.056)	−0.202 (−1.11)	−0.016 (−0.17)	−0.176 * (−1.89)	0.220 (1.61)	0.130 (0.97)	0.435 *** (4.15)	0.561 *** (5.69)
ln$coal$	0.976 *** (4.04)	0.329 (0.90)	0.999 *** (4.43)	0.899 *** (4.24)	0.480 (1.29)	0.328 (0.96)	−0.488 * (−1.80)	−0.381 (−1.50)
ln$elec$	−0.115 (−0.52)	0.350 (0.97)	−0.263 (−1.35)	−0.284 (−1.50)	−0.188 (−0.62)	0.196 (0.65)	0.249 (1.18)	0.273 (1.40)
low	0.527 *** (4.49)	0.449 *** (3.23)	0.588 *** (5.53)	1.085 *** (7.10)	0.587 *** (3.55)	0.418 ** (2.55)	0.091 (0.52)	0.394 ** (2.52)
mid	0.669 *** (8.45)	0.5626 *** (4.50)	0.690 *** (9.39)	0.738 *** (9.86)	0.508 *** (3.87)	0.480 *** (3.63)	0.152 (1.08)	0.462 *** (3.61)
$cons$	7.148 *** (3.87)	4.115 ** (2.08)	7.926 *** (4.74)	9.368 *** (6.06)	0.068 (0.06)	3.722 *** (3.82)	1.115 (1.16)	0.0443 (0.05)

注：*、**、***分别表示在10%、5%和1%的统计水平下显著，括号内为z值。

（1）雾霾污染方程估计结果分析。

全要素工业能源效率对雾霾污染的影响分析。整体来看，全要素工业能源效率对雾霾污染存在显著的抑制作用。2SLS、3SLS 和 GS3SLS 的估计结果显示，全要素工业能源效率的估计系数均为负，且分别在10%、5%和1%的统计水平下显著。这表明，当不考虑空间因素的作用时，全要素工业能源效率每增加1%，会使每单位 GDP 雾霾污染降低1.387%；当考虑空间因素作用时，全要素工业能源效率每增加 1%，会使每单位 GDP 雾霾污染降低 0.205%。这说明，空间因素会降低全要素工业能源效率对雾霾污染的抑制作用。由于存在空间因素作用，本地区的雾霾污染水平一方面受到本地区全要素工业能源效率水平的影响，另一方面受到周边地区雾霾污染的影响，最终降低了全要素工业能源效率对雾霾污染的抑制作用。从空间交互项看，GS3SLS 的估计结果为正，且在 1% 的统计水平下显著。这说明，周边地区雾霾污染增加会导致本地区雾霾污染增加。因此，整个长江经济带在雾霾污染问题上表现为"一荣俱荣，一损俱损"的现状。

控制变量估计结果分析。工业劳均产出、规模经济、城市化水平、科技进步水平的 GS3SLS 估计结果均显著为负。这表明，在考虑了空间因素作用下，工业劳均产出、规模经济、城市化水平和科技进步水平每增加 1%，会使每单位 GDP 雾霾污染分别降低 0.323%、0.392%、0.711%、0.176%。对外开放水平、煤炭能源消费结构的 GS3SLS 估计结果显著为正。这表明，对外开放水平的提高、煤炭能源消费的增加能够显著提高雾霾污染水平。从虚拟变量看，下游地区、中游地区以及常数项的估计结果，在两个方程中均显著为正。这说明，整个长江经济带上、中、下游地区均表现出显著的雾霾污染问题，但从估计系数来看，上游地区单位 GDP 雾霾污染最为严重，这与描述性统计部分的分析结果基本一致。

（2）全要素工业能源效率的估计结果分析。

雾霾污染对全要素工业能源效率的影响分析。整体来看，雾霾污染对全要素工业能源效率亦存在显著的抑制作用。方程一和方程二的估计结果表明，雾霾污染的估计系数均为负，且均在 1% 的统计水平下显著。这表明，无论是否考虑空间因素作用，雾霾污染的增加均能够显著抑制全要素工业能源效率的提升。3SLS 估计系数和 GS3SLS 估计系数分别为 −0.891 和 −0.388，这表明，当不考虑空间因素时，单位 GDP 雾霾污染每增加 1% 会使全要素工业能源效率降低 0.891%；当考虑空间因素时，单位 GDP 雾霾污染每增加 1% 会使全要素工业能源效率降低 0.388%。这说明，空间因素可以有效降低雾霾污染对全要素工业能源效率的抑制程度。由于空间因素的作用，本地区全要素工业能源效率水平一方面受到本地区雾霾污染的影响，另一方面受到周边地区工业能源效率的影响，从而最终表现为进一步降低雾霾污染水平。从全要素工业能源效率的交互项看，GS3SLS 的估计结果为正，且在 1% 的统计水平下显著。这表明，周边地区的全要素工业能源效率水平的提高会有效提升本地区全要素工业能源效率水平。在全要素工业能源效率上，长江经济带存在明显的空间溢出效应。

控制变量估计结果分析。经济发展水平、对外开放水平和科技进步水平的 GS3SLS 估计结果均在 1% 的统计水平下显著为正，产权结构和政府干预程度的 GS3SLS 估计结果均在 1% 的统计水平下显著为负。这表明，经济发展水平、对外开放水平和科技进步水平的提升能够有效提高全要素工业能源效率；而国有企业工业产出占比增加、政府对工业发展干预程度提升能够显著降低全要素工业能源效率水平。煤炭能源消费结构的 GS2SLS 估计结果显著为负。这表明，相对于电力能源消费，煤炭能源消费占比增加会在一定程度上降低全要素工业能源效率水平，长江经济带工业煤炭能源使用效率较为低下。从虚拟变量看，下游地区和中游地区的 GS3SLS 估计系数显著为正，其中，中游地区估计系数略高于下游地区。这表明，中游地区全要素工业能源效率最高，下游地区次之，上游地区最低。因此，长江经济带上游地区表现为"低效率"与"高污染"共存的工业环境发展现状。

5.3　本章小结

5.3.1　结论

本章 5.1 运用 SBM-Luenberger 指数法对中国全要素工业能源效率增长率进行了测算，5.2 节运用 DEA-Malmquist 指数法对长江经济带全要素工业能源效率进行了测算。在此基础之上，采用我国 31 个省份和长江经济带 11 个省份 2002~2012 年的面板数据，运用 3SLS 和 GS3SLS 计量方法对全要素工业能源效率增长率与雾霾污染的内生交互作用进行实证检验。通过检验和分析，本章得到以下研究结论。

第一，中国全要素工业能源效率增长率以及长江经济带工业能源效率增长率与雾霾污染之间存在显著的内生交互作用，全要素工业能源效率增长的提高能够有效降低雾霾污染水平，雾霾污染增加会导致全要素工业能源效率降低。

第二，全要素工业能源效率增长率与雾霾污染均存在显著的空间溢出效应；空间因素能够使二者之间的负向作用进一步增强。

第三，中国雾霾污染问题不容乐观，东部和中部地区大部分省份污染较为严重。相对于东部、西部地区，中部地区表现出"低效率"与"高污染"并存的发展现状。从雾霾污染的区域看，整个长江经济带均存在雾霾污染问题，其中长江经济带上游地区表现出"低效率"与"高污染"并存的工业环境现状。

第四，从影响因素看，雾霾污染与经济发展水平之间存在倒 U 形曲线关系；煤炭能源消费是造成雾霾污染的重要因素，工业生产中煤炭能源使用效率低下成为阻碍全要素工业能源效率提升的重要因素。

5.3.2　启示

本章主要的政策启示如下：

（1）提高工业能源效率是降低雾霾污染的有效手段。

本章实证结果显示，全要素工业能源效率的提高可以有效降低雾霾污染水平，因此，通过提高工业能源效率水平来实现治霾工作的推进是一条合理且可行的途径。粗放型的经济发展方式导致工业能源消耗大、使用效率低下，从而导致大量污染物排放，最终造成雾霾污染的发生和扩展。因此，首先要改变当前粗放型的经济发展方式，提高工业能源效率水平，实现由"粗放"到"集约"的发展模式转变，进而达到有效治霾的目标。

（2）提高工业能源效率，实现"治污减霾"要重视区域间合作发展。

实证结果表明：一方面，全要素工业能源效率和雾霾污染均存在显著的空间溢出效应；另一方面，当考虑到空间因素，二者的负向作用会进一步增强。这就要求在"治污减霾"工作中要实现区域联动，单靠地区自身力量难以达到预期目标。同时，在工业发展方面，要实现区域产业发展统筹，提高工业能源在区域之间的合理配置，从而提高工业能源整体利用效率，实现区域间合作共赢。

（3）工业发展与雾霾治理过程中应重视地区产业结构调整和产业转移质量。

实证结果显示，中部地区呈现"低效率"与"高污染"共存的工业与环境发展现状。一方面，大型国有企业和重工业企业多分布于中部地区，这类工业企业大多能源使用效率较低，污染排放水平较高；另一方面，随着产业结构调整和产业转移的推进，中国东部地区一些高能耗、高污染产业正逐步向中西部地区转移。基于此，在承接东部产业转移的过程中，中部地区应多引进低能耗、低污染的工业项目；鼓励企业采用清洁产品和技术；逐步建立和完善东、中、西部地区污染防治的联动机制。

实证结果还显示，长江经济带上游地区呈现"低效率"与"高污染"共存的工业发展与环境现状。长江上游地区经济发展较为落后，全要素工业能源效率相对较低。随着产业结构调整和产业转移的推进，我国东部地区一些高能耗、高污染产业逐步向中西部地区转移，其中大部分省市位于长江中上游地区。在地区分权和 GDP 绩效激励下，地方政府为了抢占能够尽快增加产值的项目，便放松了环境管制力度。因此，在治理长江经济带雾霾污染中应注意以下几点：首先，在承接东部产业转移的过程中，提高环境标准，多引进低能耗、低污染的工业项目。其次，对现有污染产业，加强环境管制，鼓励企业采用清洁产品和技术。最后，逐步建立和完善长江经济带上、中、下游地区污染防治的联动机制，建立污染治理的生态补偿机制。

（4）调整能源结构是提升工业能源效率和推进治霾工作的重要突破口。

本章研究结果显示，煤炭能源使用效率低下成为阻碍工业能源效率提升的重要因素，同时，煤炭能源消费也是造成雾霾污染的重要因素。调整工业能源消费结构，一方面要在工业转型升级过程中加强替代性能源的使用，如水电、天然气、风能、太阳能、页岩气等清洁能源，逐步降低工业经济发展对煤炭能源的依赖性；另一方面，通过政府能源价格机制，促进工业能源结构转型，提高煤炭消费的社会分摊成本，补贴清洁能源和新能源开发利用，倒逼企业改进以煤炭消费为主的工业生产方式。

第6章　能源消费结构与雾霾污染的关系研究

6.1　我国能源消费结构对雾霾污染的影响

6.1.1　我国能源消费结构的总体现状

（1）我国能源消费结构的基本情况。

表6.1报告的数据为2001~2015年全国能源消费的均值情况。从总体情况来看，全国各省区市五种类型的能源消费总量呈现逐年递增趋势。其中，热力消费总量和电力消费总量增速最快，其次是汽油消费和柴油消费，而煤炭消费总量增速最慢。从能源消费总量占比指标来看：煤炭消费总量占比最大，总体在65%~72%之间小幅波动；相比之下，在2003年、2011年和2015年波动明显。其次是电力消费的占比，汽油消费和热力消费较低。不难发现，我国能源消费对煤炭能源的依赖程度较高。从能源消费结构的动态变化来看，煤炭能源消费占比总体呈现先增后降的倒U形趋势，在2011年达到峰值之后逐年下降；柴油能源消费占比前期增长趋势明显，在2008~2010年出现小幅波动后呈现逐年下降趋势；汽油、电力、热力能源消费占比则在逐年上升中呈现小幅波动态势。

表6.1　　　　　　　2001~2015年全国能源消费结构基本情况

年份	煤炭消费		柴油消费		汽油消费		电力消费		热力消费	
	总量	占比	总量	占比	总量	占比	总量	占比	总量	占比
2001	3736.67	67.05	286.77	5.66	187.41	3.80	640.99	12.12	203.84	3.48
2002	4078.02	65.85	305.75	5.66	199.23	3.65	693.60	12.09	221.19	3.42

年份	煤炭消费		柴油消费		汽油消费		电力消费		热力消费	
	总量	占比	总量	占比	总量	占比	总量	占比	总量	占比
2003	4615.49	68.93	342.05	5.60	212.10	3.43	795.68	12.29	195.40	2.97
2004	5313.59	68.53	395.69	5.63	241.86	3.49	917.01	12.24	234.73	3.06
2005	6295.76	70.49	518.61	6.17	307.45	3.71	1035.69	12.15	293.61	3.35
2006	6959.68	70.30	571.68	6.24	338.49	3.65	1173.02	12.48	337.52	3.37
2007	7609.97	70.46	635.23	6.35	375.67	3.77	1345.68	13.07	389.58	3.50
2008	7940.61	68.99	765.91	8.35	383.70	3.53	1427.84	13.06	425.78	3.67
2009	8327.07	69.00	722.64	6.56	411.66	3.59	1524.12	13.21	460.15	3.76
2010	9043.53	70.21	795.13	6.79	471.31	3.76	1737.81	14.06	548.40	4.05
2011	10180.52	73.51	850.67	6.71	523.61	3.90	1958.31	14.80	578.51	3.99
2012	10369.63	71.70	894.05	6.70	569.19	4.05	2072.37	14.96	614.95	4.07
2013	10350.76	71.25	855.67	6.42	559.50	3.99	2208.09	15.58	692.17	4.45
2014	10289.29	69.68	867.31	6.34	585.18	4.17	2301.79	15.98	714.58	4.57
2015	10141.77	66.82	884.01	6.32	648.66	4.56	2365.24	15.92	757.96	4.81

注：表中各能源消费总量单位均为"万吨标准煤"，能源消费占比单位均为"%"。数据来源于《中国能源统计年鉴》《中国能源统计年报》。

（2）省域能源消费结构的空间分布。

表6.2报告的数据为全国各省区市2001～2015年相应指标的均值情况。从每个省域的能源消费来看，煤炭消费占比最高，其次是电力的消费，柴油、汽油和热力的消费占比较低。从能源消费总量上看，五种能源消费总量的最大值出现在山东、广东和江苏三省，五种能源消费总量的最小值出现在海南、青海和宁夏。从能源消费占比上看，山西、贵州、宁夏和内蒙古的煤炭消费占比较大，这几个省份都是传统的产煤大省，对煤炭的依赖较高，北京、上海和广东煤炭消费占比较低，这些地区经济发达，能源结构比较多元化，对煤炭的依赖程度较低。重庆和海南的柴油消费占比较高，河北和陕西的柴油消费占比较低。北京和海南的汽油消费占比较高，河北、山西、青海和宁夏的汽油消费占比较低，这几个省份过度依赖煤炭的消费，导致其他能源消费占比较低，能源消费结构比较单一。浙江、江苏和广东的电力消费占比较高，吉林、黑龙江和新疆的电力资源消费占比较低，电力消费与这个几个省份的

电力资源密切相关。天津和吉林的热力消费占比较高，贵州、云南和青海的热力消费占比较低。

表 6.2　　　　　　　2001～2015 年我国分区域能源消费结构情况

地区	煤炭消费		柴油消费		汽油消费		电力消费		热力消费	
	总量	占比	总量	占比	总量	占比	总量	占比	总量	占比
北京	1787.29	32.46	262.25	4.51	461.15	7.78	862.24	14.73	468.49	8.07
天津	2958.09	59.30	409.57	8.12	248.88	4.77	679.96	12.76	470.92	9.01
河北	16930.98	73.45	765.38	3.13	370.24	1.60	2655.45	11.11	711.51	2.88
山西	20212.33	136.96	517.41	3.30	242.88	1.60	1557.20	10.22	424.55	2.59
内蒙古	15936.81	107.54	761.72	4.96	328.72	2.32	1580.71	10.28	607.47	4.16
辽宁	10541.88	64.46	1071.66	6.12	704.64	4.10	1779.66	10.65	1214.86	7.28
吉林	5786.70	86.14	413.90	5.85	227.46	3.48	626.73	9.40	650.17	9.54
黑龙江	7376.13	73.25	710.14	7.37	492.66	5.11	828.07	8.37	697.65	6.74
上海	3756.58	42.31	618.93	6.60	525.22	5.43	1331.94	14.28	247.24	2.66
江苏	14283.17	68.48	907.90	4.54	895.14	4.19	3893.61	17.91	1226.47	5.45
浙江	8181.43	56.59	1185.51	8.40	716.33	4.82	2845.38	19.00	1150.73	7.62
安徽	8056.24	98.74	512.57	6.04	252.97	2.94	1142.82	13.49	249.82	2.93
福建	4296.75	56.29	598.27	8.28	409.64	5.28	1401.22	17.88	153.27	1.78
江西	3780.32	68.90	486.36	8.79	189.04	3.24	749.94	13.07	72.55	1.28
山东	21298.62	76.90	1622.85	5.73	804.80	2.84	3496.70	12.76	1858.60	6.45
河南	14743.96	85.96	712.95	3.91	443.09	2.47	2535.92	14.32	489.19	2.82
湖北	7566.84	61.69	863.83	6.87	690.44	5.50	1496.70	11.95	226.37	1.90
湖南	6676.91	58.30	580.87	4.88	410.20	3.52	1367.39	12.00	298.70	2.47
广东	9181.60	41.66	1965.79	9.30	1238.24	5.45	4277.52	19.19	359.24	1.55
广西	3504.54	57.31	546.00	9.12	283.88	4.64	989.52	15.70	166.47	2.16
海南	422.49	34.63	132.96	11.28	72.59	6.20	170.53	13.59	15.34	0.98
重庆	3140.80	63.11	563.68	10.87	161.33	3.19	653.84	12.72	92.93	1.59
四川	6815.99	55.20	679.89	5.17	667.56	4.89	1663.52	12.79	128.99	1.06
贵州	7177.83	104.81	335.81	4.66	182.81	2.53	958.21	13.96	66.91	0.88
云南	5118.41	67.88	576.88	7.27	279.40	3.65	1059.53	13.43	38.99	0.49

续表

地区	煤炭消费		柴油消费		汽油消费		电力消费		热力消费	
	总量	占比	总量	占比	总量	占比	总量	占比	总量	占比
陕西	7143.51	89.46	530.99	6.84	304.83	4.20	926.44	12.36	164.44	1.93
甘肃	3402.62	64.07	275.69	4.89	130.54	2.69	861.32	15.75	268.26	5.07
青海	854.70	35.92	95.87	3.59	35.76	1.58	465.35	17.91	18.12	0.61
宁夏	4050.16	105.66	137.04	3.80	34.97	1.06	604.49	16.64	113.47	2.80
新疆	5540.11	63.37	518.27	6.59	203.47	2.69	932.59	9.79	600.33	7.47
东部地区	8215.52	58.92	820.39	6.86	551.31	4.70	1911.46	13.97	709.58	5.39
中部地区	10172.76	85.09	612.33	5.63	371.44	3.21	1475.00	12.51	293.53	2.33
西部地区	5698.68	74.03	456.53	6.16	237.57	3.04	972.32	13.76	206.04	2.57

注：表中各能源消费总量单位均为"万吨标准煤"，能源消费占比单位均为"%"。数据来源于《中国能源统计年鉴》《中国能源统计年报》以及各省区市统计年鉴。

（3）东、中、西三大区域能源消费结构空间分布。

首先，从总量情况来看，煤炭消费总量中部地区最高，西部地区最低，其余四个能源消费指标呈从东部地区向西部地区逐渐递减的分布态势。其中，东部、中部、西部地区各类型能源消费总量最高的省份主要分布于四川、河南、山东和广东四省。这些省份都是经济总量较大的省份。其次，从区域能源依赖来看，东部地区五种能源消费占比按煤炭、电力、柴油、热力、汽油依次递减分布，而中部和西部地区则呈现出煤炭、电力、柴油、汽油、热力依次递减分布趋势；同时中部和西部地区煤炭与电力能源消费占比之和分别达到97.60%和87.79%，而东部地区这一数值仅为72.89%。最后，从能源消费结构的区域分布看，煤炭能源消费占比中部地区最高，达到85.09%，其次是东部和西部地区；而柴油、汽油、电力、热力能源消费占比东部地区最高。

综上所述，总体来看：第一，能源消费总量与地区的工业经济规模和经济发展水平成正比；第二，相比而言，东部地区能源消费更加多元化，对煤炭消费依赖相对较小，而中西部地区能源消费更趋于单一化。由此可见，经济发展水平越高的地区，能源消费规模越大，能源消费也更加多元化。

6.1.2　模型构建与数据说明

（1）数据选取与指标构建。

本章所用能源消费数据来源于《中国能源统计年鉴》《中国能源统计年报》以及各省区市统计年鉴；本研究雾霾污染数据（除 PM2.5 数据外）来源于《中国环境统计年鉴》和各省区市《环境状况公报》；本研究 PM2.5 数据来源于巴特尔研究所、哥伦比亚大学国际地球科学信息网络中心，该机构在范董科拉尔（2010）方法基础上，将中分辨率成像光谱仪（MODIS）和多角度成像光谱仪（MISR）测得的气溶胶光学厚度（AOD）转化为栅格数据形式的全球 PM2.5 数据年均值。本章研究所用其他数据来源于《中国统计年鉴》以及各省区市统计年鉴。本研究样本期间为 2001～2015 年，样本个体为我国的 31 个省、自治区、直辖市。

本章研究将从区域整体演变情况和区域内部空间分布情况两个层面，对我国能源消费结构和雾霾污染进行整体测度。能源消费结构的整体测度，从总量指标和结构指标两个层面，分别选取煤炭消费、柴油消费、汽油消费、电力消费和热力消费 5 个维度的指标进行测度。其中，结构指标为该类别能源消费量占能源消费总量的比重。雾霾污染的整体测度，从浓度指标和总量指标两个层面，分别选取 PM2.5、PM10、SO_2、NO_2、二氧化硫排放总量、烟粉尘排放总量、工业废气排放量 7 个指标进行测度，以期从多重视角全方位地将中国能源消费结构与雾霾污染情况进行系统性的展示和分析。

（2）模型构建。

本节拟采用空间计量工具分析我国能源消费结构对雾霾污染的影响，常用的空间分析方法有：空间滞后模型（SAR）、空间误差模型（SEM）、空间杜宾模型（SDM）、空间自相关模型（SAC）。各类空间模型可表示为式（6.1）。

$$Y = \alpha_0 + \rho WY + \alpha_1 X + \theta WX + \lambda W\varepsilon + \mu \qquad (6.1)$$

当 $\theta = 0$ 且 $\lambda = 0$ 时，为 SAR；当 $\rho = 0$ 且 $\theta = 0$ 时，为 SEM；当 $\lambda = 0$ 时，为 SDM；当 $\theta = 0$ 时，为 SAC。其中，X 和 Y 分别为自变量和因变量，μ 和 ε 表示误差项，W 为空间权重矩阵，α 为回归系数，ρ、θ 和 λ 代表空间回归系数。

结合理论模型推导，本节构建了相应的空间计量模型，如式（6.2）所示。

$$\ln haze_{it} = \alpha_0 + \rho w\ln haze_{it} + \alpha_1 \ln ener_{it} + \theta w\ln ener_{it}$$
$$+ \sum_j \beta_j \ln X_{it} + \sum_j \delta_j w\ln X_{it} + \lambda w\varepsilon_{it} + \mu_{it} \qquad (6.2)$$

其中，$haze_{it}$ 表示雾霾污染，$ener_{it}$ 表示能源消费结构，X_{it} 代表一系列控制变量，μ_{it} 和 ε_{it} 表示误差项，w 为空间权重矩阵，α 和 β 为回归系数，ρ、θ、δ 和 λ 代表空间回归系数。X_{it} 包括以下变量：工业集聚（agg）、规模经济（$firm$）、环境规制（reg）、经济发展水平（gdp）、产业结构（$stru$）、对外开放水平（$open$）、科技进步水平（$tech$）、东部地区（$east$）、西部地区（$west$）。本节采用空间邻近作为空间权重，构建空间权重矩阵。当两地相邻时，空间权重 $w_{ij} = 1$；当两地不相邻时，空间权重 $w_{ij} = 0$。

（3）变量说明。

变量选取包括自变量、因变量与一系列控制变量，具体的变量说明如表 6.3 所示。

表 6.3　　　　　　　　　　　　　　变量说明

变量类别	变量名称	指标名称	变量含义	单位
自变量	$coal$	煤炭消费结构	地区煤炭消费量占能源消费总量的比重	%
	$petrol$	汽油消费结构	地区汽油消费量占能源消费总量的比重	%
	$elec$	电力消费结构	地区电力消费量占能源消费总量的比重	%
因变量	$pm_{2.5}$	PM2.5 浓度	地区每立方米 PM2.5 浓度	$\mu g/m^3$
	pm_{10}	PM10 浓度	地区每立方米 PM10 浓度	$\mu g/m^3$
	so_2	SO$_2$ 浓度	地区每立方米 SO$_2$ 浓度	$\mu g/m^3$
	no_2	NO$_2$ 浓度	地区每立方米 NO$_2$ 浓度	$\mu g/m^3$

变量类别	变量名称	指标名称	变量含义	单位
控制变量	agg	工业集聚	地区单位面积上工业从业人员数量与全国均值之比	%
	$firm$	规模经济	地区规模以上工业企业数与全国均值之比	%
	reg	环境规制	地区环境污染治理投资占 GDP 比重	%
	gdp	经济发展水平	地区 GDP 与全国均值之比	%
	$stru$	产业结构	地区工业 GDP 占 GDP 比重	%
	$open$	对外开放水平	地区外商投资占 GDP 比重	%
	$tech$	科技进步水平	地区科技事业费占一般财政支出比重	%
	$east$	东部地区	是否是我国东部地区	0 或 1
	$west$	西部地区	是否是我国西部地区	0 或 1

自变量：能源消费结构。根据能源消费现实情况，并参考现有研究指标选取，本节选取煤炭消费结构（$coal_{it}$）、汽油消费结构（$petrol_{it}$）、电力消费结构（$elec_{it}$）三类能源消费作为自变量，分别采用煤炭消费量、汽油消费量、电力消费量占能源消费总量的比重进行测度。

因变量：雾霾污染。本节选取雾霾污染主要构成污染物 PM2.5 浓度（$pm_{2.5it}$）、PM10 浓度（pm_{10it}）、SO$_2$ 浓度（so_{2it}）、NO$_2$ 浓度（no_{2it}）作为因变量，对雾霾污染进行测度。

控制变量。工业集聚（agg）采用单位面积上工业从业人员数量进行测度，工业集聚是造成环境污染的重要因素之一（马丽梅，张晓，2014）。规模经济（$firm$）采用地区规模以上工业企业数与全国均值之比进行测度。规模经济是集聚经济的重要表现（傅十和，洪俊杰，2008），对环境污染可能产生重要影响。环境规制（reg）采用环境污染治理投资占 GDP 比重进行测度。环境规制可以有效控制企业排污行为，从而降低环境污染程度（黄茂兴，林寿富，2013）。经济发展水平（gdp）采用地区 GDP 与全国 GDP 之比进行测度。现有研究认为，经济发展水平是影响工业能源效率的重要因素（张志辉，2015），也是影响环境污染的重要因素（Grossman & Krueger，1991）。产业结构（$stru$）采用工业 GDP 占 GDP 比重进行测度。已有研究认为，工业产出比重越大工业能源效率水平越低、环境污染程度越高（张志辉，2015；马丽梅，张晓，2014）。对外开放水平（*open*）采用外商投资占GDP比重进行测度。对外开放水平是影响大气污染的重要因素，同时也是影响工业能源效率的重要因素，但作用的方向是不确定的（Kirkulak et al.，2011）。科技进步水平（*tech*）采用科技事业费占一般财政支出比重进行测度。现有研究认为，科学技术投入可以加大清洁环保技术的应用，从而降低污染程度；同时，科技进步水平能够对工业能源效率产生重要作用（Wang & Jin，2007；姜磊，季民河，2011）。

6.1.3　实证结果与分析

表6.4和表6.5报告了不同解释变量下能源消费结构对雾霾污染影响的空间计量估计结果。LR检验和LM检验的结果显示SAC为最优模型。由于篇幅所限，表6.4和表6.5仅报告SAC模型估计结果。

表 6.4　　　我国能源消费结构对 PM2.5 和 PM10 影响的空间计量估计结果

变量	*haze* = PM2.5			*haze* = PM10		
	方程1： *ener* = coal	方程2： *ener* = petr	方程3： *ener* = elec	方程1： *ener* = coal	方程2： *ener* = petr	方程3： *ener* = elec
ln*ener*	0.083 ** (2.19)	0.281 *** (6.60)	0.070 (1.40)	0.051 ** (2.22)	0.003 (0.11)	0.097 *** (3.15)
ln*agg*	0.721 *** (14.09)	0.776 *** (16.03)	0.655 *** (12.23)	− 0.135 *** (− 4.54)	− 0.119 *** (− 4.03)	− 0.160 *** (− 5.00)
ln*firm*	0.237 *** (7.80)	0.379 *** (10.14)	0.167 *** (4.82)	0.041 ** (2.41)	0.064 *** (3.12)	0.017 (0.87)
ln*reg*	− 0.332 *** (− 7.13)	− 0.321 *** (− 7.81)	− 0.272 *** (− 6.41)	− 0.111 *** (− 3.94)	− 0.139 *** (− 5.31)	− 0.121 *** (− 4.62)
ln*gdp*	− 0.321 *** (− 5.06)	− 0.240 *** (− 3.83)	− 0.291 *** (− 4.67)	0.236 *** (6.03)	0.227 *** (5.69)	0.236 *** (6.01)
ln*stru*	− 0.777 *** (− 6.94)	− 1.042 *** (− 9.36)	− 0.865 *** (− 8.28)	0.340 *** (5.04)	0.396 *** (6.16)	0.379 *** (6.02)

续表

变量	haze = PM2.5			haze = PM10		
	方程1： ener = coal	方程2： ener = petr	方程3： ener = elec	方程1： ener = coal	方程2： ener = petr	方程3： ener = elec
lnopen	0.028 (0.69)	0.055 (1.51)	0.087 ** (2.31)	-0.073 *** (-2.87)	-0.101 *** (-4.38)	-0.074 *** (-3.12)
lntech	-0.103 *** (-3.09)	-0.046 (-1.36)	-0.111 *** (-3.31)	-0.034 * (-1.74)	-0.033 (-1.57)	-0.046 ** (-2.28)
east	-0.069 (-1.00)	-0.191 *** (-2.73)	-0.084 (-1.21)	-0.084 ** (-2.01)	-0.084 * (-1.93)	-0.105 ** (-2.47)
west	-0.080 (-1.63)	-0.056 (-1.20)	-0.058 (-1.24)	0.167 *** (5.60)	0.146 *** (5.10)	0.131 *** (4.57)
cons	3.123 *** (5.60)	2.551 *** (4.69)	3.001 *** (5.59)	5.293 *** (10.12)	5.336 *** (9.93)	5.097 *** (9.47)
ρ	0.259 ** (2.54)	0.109 (1.00)	0.308 *** (3.30)	0.597 *** (7.22)	0.583 *** (6.72)	0.569 *** (6.67)
λ	0.717 *** (11.11)	0.657 *** (7.82)	0.740 *** (13.46)	0.777 *** (20.69)	0.763 *** (18.59)	0.768 *** (19.44)
obs	450	450	450	450	450	450
R^2	0.520	0.571	0.522	0.384	0.398	0.396
Wald Test	493.832	571.604	478.485	273.509	287.632	285.541
F-Test	49.382	57.160	47.849	27.351	28.763	28.554
LRTest（SAR）	6.460 *** (P=0.01)	0.991 (P=0.31)	10.900 *** (P=0.00)	52.058 *** (P=0.00)	45.215 *** (P=0.00)	44.438 *** (P=0.00)
LRTest（SEM）	123.403 *** (P=0.00)	61.078 *** (P=0.00)	181.240 *** (P=0.00)	427.939 *** (P=0.00)	345.481 *** (P=0.00)	378.082 *** (P=0.00)
LR Test（SAC）	294.381 *** (P=0.00)	211.265 *** (P=0.00)	356.723 *** (P=0.00)	537.179 *** (P=0.00)	449.453 *** (P=0.00)	491.438 *** (P=0.00)
LM（lag）	239.251 *** (P=0.00)	157.961 *** (P=0.00)	256.826 *** (P=0.00)	56.878 *** (P=0.00)	68.155 *** (P=0.00)	108.910 *** (P=0.00)
LM（error）	27.718 *** (P=0.00)	1.991 (P=0.15)	36.348 *** (P=0.00)	113.605 *** (P=0.00)	3.375 * (P=0.06)	11.643 *** (P=0.00)
LM（sac）	412.830 *** (P=0.00)	341.351 *** (P=0.00)	432.771 *** (P=0.00)	170.483 *** (P=0.00)	168.867 *** (P=0.00)	223.617 *** (P=0.00)

注：*、**、*** 分别表示在10%、5%和1%的统计水平下显著。

表 6.5　　　　我国能源消费结构对 SO₂ 和 NO₂ 影响的空间计量估计结果

变量	haze = SO₂			haze = NO₂		
	方程 1： ener = coal	方程 2： ener = petr	方程 3： ener = elec	方程 1： ener = coal	方程 2： ener = petr	方程 3： ener = elec
lnener	0.092 ** (2.17)	− 0.244 *** (− 5.55)	− 0.082 (− 1.48)	0.011 (0.54)	− 0.054 ** (− 2.44)	− 0.027 (− 1.03)
lnagg	− 0.094 * (− 1.74)	− 0.013 (− 0.26)	− 0.031 (− 0.54)	0.045 * (1.76)	0.059 ** (2.32)	0.059 ** (2.19)
lnfirm	0.064 ** (2.12)	0.235 *** (6.64)	0.135 *** (3.76)	0.091 *** (6.07)	0.126 *** (6.96)	0.108 *** (6.03)
lnreg	− 0.257 *** (− 5.11)	− 0.319 *** (− 7.13)	− 0.314 *** (− 6.66)	− 0.102 *** (− 4.28)	− 0.112 *** (− 5.20)	− 0.113 *** (− 5.08)
lngdp	− 0.140 ** (− 2.02)	− 0.106 (− 1.59)	− 0.169 ** (− 2.47)	0.310 *** (8.53)	0.324 *** (8.77)	0.307 *** (8.45)
lnstru	0.768 *** (6.27)	0.763 *** (6.90)	0.878 *** (7.67)	0.079 (1.36)	0.072 (1.34)	0.098 * (1.82)
lnopen	0.057 (1.31)	0.002 (0.06)	− 0.009 (− 0.21)	0.049 ** (2.33)	0.042 ** (2.23)	0.037 * (1.83)
lntech	− 0.055 (− 1.54)	0.009 (0.25)	− 0.043 (− 1.18)	0.007 (0.42)	0.020 (1.14)	0.010 (0.60)
east	0.024 (0.31)	− 0.076 (− 1.02)	0.044 (0.58)	− 0.179 *** (− 4.86)	− 0.203 *** (− 5.33)	− 0.173 *** (− 4.66)
west	0.262 *** (4.82)	0.220 *** (4.45)	0.237 *** (4.57)	0.126 *** (4.89)	0.122 *** (4.96)	0.127 *** (5.05)
cons	1.757 *** (2.79)	2.136 *** (3.69)	2.216 *** (3.61)	1.713 *** (4.05)	1.664 *** (3.92)	1.749 *** (4.12)
ρ	0.650 *** (8.51)	0.675 *** (9.63)	0.676 *** (9.16)	0.492 *** (6.72)	0.479 *** (6.39)	0.486 *** (6.57)
λ	0.801 *** (23.99)	0.818 *** (27.96)	0.809 *** (25.90)	0.845 *** (32.58)	0.841 *** (31.38)	0.842 *** (31.75)
obs	450	450	450	450	450	450
R²	0.314	0.330	0.304	0.411	0.423	0.418

变量	haze = SO$_2$			haze = NO$_2$		
	方程1： ener = coal	方程2： ener = petr	方程3： ener = elec	方程1： ener = coal	方程2： ener = petr	方程3： ener = elec
Wald Test	200. 971	215. 983	191. 899	300. 838	314. 773	308. 279
F-Test	20. 097	21. 598	19. 190	30. 083	31. 477	30. 828
LRTest（SAR）	72. 462 *** （P = 0. 00）	92. 815 *** （P = 0. 00）	83. 979 *** （P = 0. 00）	45. 190 *** （P = 0. 00）	40. 851 *** （P = 0. 00）	43. 157 *** （P = 0. 00）
LRTest（SEM）	575. 442 *** （P = 0. 00）	781. 747 *** （P = 0. 00）	671. 001 *** （P = 0. 00）	1061. 736 *** （P = 0. 00）	984. 676 *** （P = 0. 00）	1008. 104 *** （P = 0. 00）
LR Test（SAC）	687. 812 *** （P = 0. 00）	883. 374 *** （P = 0. 00）	777. 982 *** （P = 0. 00）	1479. 649 *** （P = 0. 00）	1408. 045 *** （P = 0. 00）	1427. 329 *** （P = 0. 00）
LM（lag）	0. 531 （P = 0. 46）	2. 877 * （P = 0. 08）	0. 087 （P = 0. 76）	31. 933 *** （P = 0. 00）	36. 927 *** （P = 0. 00）	33. 640 *** （P = 0. 00）
LM（error）	17. 534 *** （P = 0. 00）	49. 504 *** （P = 0. 00）	25. 963 *** （P = 0. 00）	312. 956 *** （P = 0. 00）	312. 739 *** （P = 0. 00）	310. 088 *** （P = 0. 00）
LM（sac）	118. 159 *** （P = 0. 00）	137. 800 *** （P = 0. 00）	119. 775 *** （P = 0. 00）	694. 936 *** （P = 0. 00）	641. 215 *** （P = 0. 00）	665. 034 *** （P = 0. 00）

注：*、**、*** 分别表示在10%、5%和1%的统计水平下显著。

（1）我国能源消费结构对雾霾污染的影响作用分析。

表6.4第2~4列报告了不同能源消费结构对我国PM2.5的作用结果。估计结果显示，煤炭消费和汽油消费的估计系数分别为0.083和0.281，且分别在5%和1%的统计水平下显著，而电力消费的估计系数虽然为正，但不显著。这表明，当煤炭和汽油消费占比分别提高1%时，全国范围PM2.5浓度分别提高0.083%和0.281%。由此可见，从全国范围看，尽管汽油消费并非占比最大，但单位占比所带来的PM2.5浓度的提升最大。表6.4第5~7列报告了不同能源消费结构对我国PM10的作用结果。估计结果显示，煤炭消费和电力消费的估计系数分别为0.051和0.097，且分别在5%和1%的统计水平下显著，而汽油消费的估计系数不显著。这表明，当煤炭和电力消费占比分别提高1%时，全国范围PM10浓度分别提高0.051%和0.097%。由此可见，电力消费的单位占比所带来的PM10浓度提升最大。

表 6.5 第 2 ~ 4 列报告了不同能源消费结构对我国 SO_2 的作用结果。估计结果显示，煤炭消费和汽油消费的估计系数分别为 0.092 和 0.244，且分别在 5% 和 1% 的统计水平上显著为正，而电力消费估计系数不显著。这表明，当煤炭和汽油消费占比分别提高 1% 时，全国范围 SO_2 浓度分别提高 0.092% 和 0.244%。由此可见，汽油消费单位占比所带来的 SO_2 浓度的提升最大。表 6.5 第 5 ~ 7 列报告了不同能源消费结构对我国 NO_2 的作用结果。估计结果显示，汽油消费的估计系数为 0.054，且在 5% 的统计水平上显著性为正，而煤炭消费和汽油消费的估计系数均不显著。这表明，当汽油消费占比分别提高 1% 时，全国范围 NO_2 浓度提高 0.054%。由此可见，汽油消费单位占比所带来的 NO_2 浓度的提升最大。

综上可以看出，尽管煤炭、汽油和电力消费均能在一定程度上加剧全国范围雾霾污染浓度，但不同能源消费对雾霾污染的影响程度存在显著差异。相对而言，整体上，单位汽油消费占比对 PM2.5 浓度、SO_2 浓度和 NO_2 浓度的影响明显高于单位煤炭消费占比和单位汽油消费占比；而单位电力消费占比对 PM10 浓度的影响明显高于单位煤炭消费占比和单位电力消费占比。由此可见，对全国而言，尽管煤炭消费占比最高，但其单位消费占比对雾霾污染的影响并非最大。

（2）空间相关性与控制变量估计结果分析。

表 6.4 和表 6.5 的估计结果显示，空间相关系数 ρ 和 λ 几乎在所有方程中均显著为正。这表明，雾霾污染的主要污染物 PM2.5、PM10、SO_2 和 NO_2 确实存在显著的空间溢出效应。一个地区雾霾污染的整体情况，一方面受到该地区一系列影响因素的作用，同时还受到周边地区雾霾污染情况的影响。对全国而言，雾霾污染表现为"一荣俱荣，一损俱损"的空间相关性。

控制变量的估计结果显示，不同能源消费结构对雾霾污染的影响不尽相同，同一类能源消费对不同雾霾污染物的影响也不尽相同。总体上看，工业集聚、规模经济、环境规制、经济发展水平、产业结构这五个变量对 PM2.5 浓度、PM10 浓度和 NO_2 浓度的影响较为显著，但作用方向不尽相同。其中，环境规制能够显著降低这三类污染物浓度，而经济发展水平提升会在一定程度上加剧三类污染物浓度提升。从东、中、西部地区情况看，估计结果显示，不同污染物的空间分布也不尽相同。PM2.5 浓度估计结果显示，中部地区估计结果显著为正，其污染程度明显高于西部地区；PM10 浓度和 SO_2 浓度估计结果显示，中部和西部地区估计结果显著为正，其污染程度明显高于东部地区；NO_2 浓度估计结果显示，东部地区估计系数显著为负，而中部和西部地区估计系数显著为正。因此，对于东部和中部地区而言，雾霾污染物主要表现为 PM2.5；而中部和西部地区的雾霾污染物主要为 PM10、SO_2 和 NO_2。

6.2 典型区域能源消费结构对雾霾污染的影响

6.2.1 长江经济带能源消费结构的特征现状分析

（1）长江经济带能源消费结构的基本情况。

表 6.6 报告的数据为 2001～2015 年长江经济带各省份相应指标的均值情况。总体来看，长江经济带 11 省市各类型能源消费总量呈现逐年递增趋势；其中，热力消费和汽油消费总量增速最快，其次是电力消费和柴油消费，煤炭消费总量增速最慢。从能源消费占比看，煤炭消费占比最大，各年份均达到 60% 以上，其次是电力消费，热力消费占比最低。由此可见，长江经济带能源消费对煤炭能源的依赖程度较高。从能源消费结构的变动趋势看，煤炭能源消费占比在 2007 年达到最大值后呈现小幅波动下降的趋势，柴油能源消费占比则呈现先升后降再升的 N 形变动趋势，汽油、电力、热力能源消费占比则呈现逐年递增态势。

表 6.6   2001～2015 年长江经济带能源消费结构基本情况

年份	煤炭消费		柴油消费		汽油消费		电力消费		热力消费	
	总量	占比	总量	占比	总量	占比	总量	占比	总量	占比
2001	3462.77	66.97	289.10	5.27	188.51	3.51	664.19	12.41	131.07	2.10
2002	3706.88	66.11	326.20	5.58	213.14	3.60	742.29	12.64	145.78	2.09
2003	4332.07	68.45	374.66	5.76	234.39	3.39	859.67	12.74	157.81	1.92

续表

年份	煤炭消费		柴油消费		汽油消费		电力消费		热力消费	
	总量	占比	总量	占比	总量	占比	总量	占比	总量	占比
2004	4874.44	66.88	412.23	5.43	255.13	3.20	966.60	12.38	178.72	1.98
2005	5764.79	70.59	501.25	6.20	309.48	3.43	1107.60	12.64	219.94	2.12
2006	6333.73	71.01	561.03	6.31	338.98	3.44	1242.68	12.94	267.03	2.34
2007	6898.65	71.51	616.28	6.39	387.66	3.60	1409.27	13.48	309.83	2.54
2008	7051.55	67.86	888.17	11.37	429.59	3.76	1496.89	13.39	345.79	2.60
2009	7516.73	68.91	710.81	6.51	452.73	3.73	1614.60	13.69	384.13	2.70
2010	8047.13	67.91	764.59	6.62	508.97	3.90	1848.46	14.37	449.96	2.78
2011	8934.35	70.75	822.45	6.75	572.83	4.17	2093.75	15.41	467.65	2.78
2012	8967.13	67.65	871.65	6.87	649.24	4.49	2200.10	15.45	467.81	2.76
2013	8929.75	67.15	917.68	7.22	694.58	4.83	2333.11	16.13	534.14	3.20
2014	8508.00	64.30	936.58	7.29	737.03	5.17	2400.45	16.70	551.91	3.32
2015	8337.29	61.22	978.56	7.45	805.62	5.63	2424.25	16.47	565.77	3.30

注：表中各能源消费总量单位均为"万吨标准煤"，能源消费占比单位均为"%"。数据来源于《中国能源统计年鉴》《中国能源统计年报》以及各省市统计年鉴。

（2）长江经济带省域能源消费结构的空间分布。

表 6.7 报告的数据为长江经济带各省份 2001～2015 年相应指标的均值情况。从每个省域的能源消费来看，煤炭消费占比最高，其次是电力消费，柴油、汽油和热力的消费占比较低。从能源消费总量上看，五种能源消费总量的最大值出现在江苏和浙江，五种能源消费的最小值出现在重庆、贵州和云南。安徽和贵州的煤炭消费占比较高，这两个省对煤炭的依赖较大；上海、浙江和四川三省市的煤炭消费占比较低，它们的经济总量大，经济较为发达，能源结构比较多元化，对煤炭的依赖相对较低。重庆和江西的柴油消费占比较高，江苏和贵州的柴油消费占比较低。湖北和上海的汽油消费占比较高，安徽和贵州的汽油消费占比较低、浙江和江苏的电力消费较高，湖北和重庆的电力消费相对较低。浙江和江苏的热力消费较高，云南和贵州的热力消费较低。安徽和贵州对煤炭消费的依赖较大，其他能源消费占比较低，能源消费结构比较单一。

表 6.7   2001~2015 年长江经济带各省份及区域能源消费结构

地区	煤炭消费		柴油消费		汽油消费		电力消费		热力消费	
	总量	占比	总量	占比	总量	占比	总量	占比	总量	占比
上海	3756.58	42.31	618.93	6.60	525.22	5.43	1331.94	14.28	247.24	2.66
江苏	14283.17	68.48	907.90	4.54	895.14	4.19	3893.61	17.91	1226.47	5.45
浙江	8181.43	56.59	1185.51	8.40	716.33	4.82	2845.38	19.00	1150.73	7.62
安徽	8056.24	88.74	512.57	6.04	252.97	2.94	1142.82	13.49	249.82	2.93
下游地区均值	8569.36	66.53	806.23	6.39	597.41	4.34	2303.44	16.17	718.57	4.67
江西	3780.32	68.90	486.36	8.79	189.04	3.24	749.94	13.07	72.55	1.28
湖南	6676.91	58.30	580.87	4.88	410.20	3.52	1367.04	12.00	298.70	2.47
湖北	7566.84	61.69	863.83	6.87	690.44	5.50	1496.70	11.95	226.37	1.90
中游地区均值	6008.02	62.96	643.69	6.85	429.90	4.09	1204.68	12.34	199.21	1.88
云南	5118.41	67.88	576.88	7.27	279.40	3.65	1059.53	13.43	36.00	0.42
贵州	7177.83	94.81	335.81	4.66	182.81	2.53	958.21	13.96	66.91	0.88
四川	6815.99	55.20	679.89	5.17	667.56	4.89	1663.52	12.79	128.99	1.06
重庆	3140.80	63.11	563.68	10.87	161.33	3.19	653.84	12.72	92.93	1.59
上游地区均值	5563.26	72.75	539.07	6.99	322.78	3.56	1083.77	13.23	81.21	0.99

    注:表中各能源消费总量单位均为"万吨标准煤",能源消费占比单位均为"%"。数据来源于《中国能源统计年鉴》《中国能源统计年报》以及各省市统计年鉴。

(3) 长江经济带上中下游能源消费结构空间分布。

首先,从总量情况看,五种能源消费指标均呈现由下游地区向上游地区逐渐递减的分布态势。其中,上、中、下游地区各类型能源消费总量最高的省份,均分别分布于四川、湖北、江苏三省,而这些省份多为工业经济规模较大的省份。其次,从区域能源依赖看,下游地区五种能源消费占比由高到低分别为煤炭、电力、柴油、热力和汽油,而中游和上游地区则表现为煤炭、电力、柴油、汽油和热力;并且上游地区和中游地区煤炭、电力和柴油三种能源消费总和占比总额分别达到 95.45% 和 94.03%,而下游地区这一比值为 90.99%。最后,从能源消费结构的区域分布看,煤炭、柴油能源消费占比上游地区最高，分别达到 72.75% 和 6.99%，而汽油、电力、热力能源消费占比则下游地区最高。

综上所述，总体来看，能源消费总量较高的地区多为工业规模和经济发展水平较高的地区。相比而言，下游地区能源消费结构更加多样化，而中上游地区能源消费结构更趋于单一化；其中，从对煤炭能源的依赖程度看，下游地区最低，上游地区最高。由此可见，经济发展水平越高的地区，能源消费规模越大，能源消费结构更加多样化。

6.2.2　模型构建与数据说明

（1）数据选取与指标构建。

本研究所用能源消费数据来源于《中国能源统计年鉴》《中国能源统计年报》以及各省市统计年鉴；本研究雾霾污染数据（除 PM2.5 数据外）来源于《中国环境统计年鉴》和各省市《环境状况公报》；本研究 PM2.5 数据来源于巴特尔研究所、哥伦比亚大学国际地球科学信息网络中心，该机构在（2010）方法基础上，将中分辨率成像光谱仪（MODIS）和多角度成像光谱仪（MISR）测得的气溶胶光学厚度（AOD）转化为栅格数据形式的全球 PM2.5 数据年均值。本研究所用其他数据来源于《中国统计年鉴》以及各省市统计年鉴。本研究样本期间为 2001～2015 年，样本个体为长江经济带 11 个省市。

本研究将从区域整体演变情况和区域内部空间分布情况两个层面，对长江经济带能源消费结构和雾霾污染进行整体测度。能源消费结构的整体测度，从总量指标和结构指标两个层面，分别选取煤炭消费、柴油消费、汽油消费、电力消费和热力消费 5 个维度的指标进行测度。其中，结构指标为该类别能源消费量占能源消费总量的比重。雾霾污染的整体测度，从浓度指标和总量指标两个层面，分别选取 PM2.5 浓度、PM10 浓度、SO_2 浓度、NO_2 浓度、SO_2 排放总量、烟粉尘排放总量、工业废气排放量 7 个指标进行测度，以期从多重视角全方位地将长江经济带能源消费结构与雾霾污染情况进行系统性的展示和分析。

（2）模型构建。

本节拟采用空间计量工具分析长江经济带能源消费结构对雾霾污染的影响，常用的空间分析方法有：空间滞后模型（SAR）、空间误差模型（SEM）、空间杜宾模型（SDM）、空间自相关模型（SAC）。各类空间模型可表示为式（6.3）。

$$Y = \alpha_0 + \rho WY + \alpha_1 X + \theta WX + \lambda W\varepsilon + \mu \qquad (6.3)$$

当 $\theta = 0$ 且 $\lambda = 0$ 时，为 SAR；当 $\rho = 0$ 且 $\theta = 0$ 时，为 SEM；当 $\lambda = 0$ 时，为 SDM；当 $\theta = 0$ 时，为 SAC。其中，X 和 Y 分别为自变量和因变量，μ 和 ε 表示误差项，W 为空间权重矩阵，α 为回归系数，ρ、θ 和 λ 代表空间回归系数。

结合理论模型推导，本节构建了相应的空间计量模型。如式（6.4）所示。

$$\ln haze_{it} = \alpha_0 + \rho w \ln haze_{it} + \alpha_1 \ln ener_{it} + \theta w \ln ener_{it}$$
$$+ \sum_j \beta_j \ln X_{it} + \sum_j \delta_j w \ln X_{it} + \lambda w\varepsilon_{it} + \mu_{it} \qquad (6.4)$$

其中，$haze_{it}$ 表示雾霾污染，$ener_{it}$ 表示能源消费结构，X_{it} 分别代表一系列控制变量，μ_{it} 和 ε_{it} 表示误差项，w 为空间权重矩阵，α 和 β 为回归系数，ρ、θ、δ 和 λ 代表空间回归系数。X_{it} 包括以下变量：工业集聚（agg）、规模经济（$firm$）、环境规制（reg）、经济发展水平（gdp）、产业结构（$stru$）、对外开放水平（$open$）、科技进步水平（$tech$）、下游地区（low）、中游地区（mid）。本节采用空间邻近作为空间权重，构建空间权重矩阵。当两地相邻时，空间权重 $w_{ij} = 1$；当两地不相邻时，空间权重 $w_{ij} = 0$。

（3）变量说明。

变量选取包括自变量、因变量与一系列控制变量，具体的变量说明如表 6.8 所示。

表 6.8 变量说明

变量类别	变量名称	指标名称	变量含义	单位
自变量（haze）	coal	煤炭消费结构	地区煤炭消费量占能源消费总量的比重	%
	petr	汽油消费结构	地区汽油消费量占能源消费总量的比重	%
	elec	电力消费结构	地区电力消费量占能源消费总量的比重	%

变量类别	变量名称	指标名称	变量含义	单位
因变量 (ener)	$pm_{2.5}$	PM2.5 浓度	地区每立方米 PM2.5 浓度	$\mu g/m^3$
	pm_{10}	PM10 浓度	地区每立方米 PM10 浓度	$\mu g/m^3$
	so_2	SO_2 浓度	地区每立方米 SO_2 浓度	$\mu g/m^3$
	no_2	NO_2 浓度	地区每立方米 NO_2 浓度	$\mu g/m^3$
控制变量	agg	工业集聚	地区单位面积上工业从业人员数量与全国均值之比	%
	$firm$	规模经济	地区规模以上工业企业数与全国均值之比	%
	reg	环境规制	地区环境污染治理投资占 GDP 比重	%
	gdp	经济发展水平	地区 GDP 与全国均值之比	%
	$stru$	产业结构	地区工业 GDP 占 GDP 比重	%
	$open$	对外开放水平	地区外商投资占 GDP 比重	%
	$tech$	科技进步水平	地区科技事业费占一般财政支出比重	%
	mid	中游地区	是否是长江经济带中游地区	0 或 1
	low	下游地区	是否是长江经济带下游地区	0 或 1

自变量：能源消费结构。根据能源消费现实情况，并参考现有研究指标选取，本节选取煤炭消费结构（$coal_{it}$）、汽油消费结构（$petrol_{it}$）、电力消费结构（$elec_{it}$）三类能源消费作为自变量，分别采用煤炭消费量、汽油消费量、电力消费量占能源消费总量的比重进行测度。

因变量：雾霾污染。本节选取雾霾污染主要构成污染物 PM2.5 浓度（$pm_{2.5it}$）、PM10 浓度（pm_{10it}）、SO_2 浓度（so_{2it}）、NO_2 浓度（no_{2it}）作为因变量，对雾霾污染进行测度。

控制变量。工业集聚（agg）采用单位面积上工业从业人员数量进行测度，工业集聚是造成环境污染的重要因素之一（马丽梅，张晓，2014）。规模经济（$firm$）采用地区规模以上工业企业数与全国均值之比进行测度。规模经济是集聚经济的重要表现（傅十和，洪俊杰，2008），对环境污染可能产生重要影响。环境规制（reg）采用环境污染治理投资占 GDP 比重进行测度。环境规制可以有效控制企业排污行为，从而降低环境污染程度（黄茂兴，林寿富，2013）。经济发展水平（*gdp*）采用地区 GDP 与全国 GDP 之比进行测度。现有研究认为，经济发展水平是影响工业能源效率的重要因素（张志辉，2015），也是影响环境污染的重要因素（Grossman & Krueger，1991）。产业结构（*stru*）采用工业 GDP 占 GDP 比重进行测度。已有研究认为，工业产出比重越大工业能源效率水平越低、环境污染程度越高（张志辉，2015；马丽梅，张晓，2014）。对外开放水平（*open*）采用外商投资占 GDP 比重进行测度。对外开放水平是影响大气污染的重要因素，同时也是影响工业能源效率的重要因素，但作用的方向是不确定的（Kirkulak et al.，2011）。科技进步水平（*tech*）采用科技事业费占一般财政支出比重进行测度。现有研究认为，科学技术投入可以加大清洁环保技术的应用，从而降低污染程度；同时，科技进步水平能够对工业能源效率产生重要作用（Wang & Jin，2007；姜磊，季民河，2011）。

6.2.3 实证结果与分析

表 6.9 和表 6.10 报告了不同解释变量下能源消费结构对雾霾污染影响的空间计量估计结果。LR 检验和 LM 检验的结果显示 SAC 为最优模型。由于篇幅所限，表 6.9 和表 6.10 仅报告 SAC 模型估计结果。

表 6.9　　　　　　　　长江经济带能源消费结构对 **PM2.5** 和

PM10 影响的空间计量估计结果

变量	*haze* = PM2.5			*haze* = PM10		
	方程 1 *ener* = *coal*	方程 2 *ener* = *petr*	方程 3 *ener* = *elec*	方程 1 *ener* = *coal*	方程 2 *ener* = *petr*	方程 3 *ener* = *elec*
ln*ener*	0.190 ** （2.45）	0.182 ** （2.29）	0.241 ** （2.48）	0.063 * （1.90）	0.074 ** （2.56）	0.064 * （1.74）
ln*agg*	0.368 *** （3.82）	0.417 *** （4.09）	0.301 *** （2.68）	−0.275 *** （−5.94）	−0.357 *** （−7.89）	−0.268 *** （−4.87）
ln*firm*	−0.153 ** （−2.37）	−0.119 （−1.64）	−0.230 *** （−2.64）	0.187 *** （6.08）	0.109 *** （3.28）	0.195 *** （4.65）

续表

变量	$haze = PM2.5$			$haze = PM10$		
	方程1 $ener = coal$	方程2 $ener = petr$	方程3 $ener = elec$	方程1 $ener = coal$	方程2 $ener = petr$	方程3 $ener = elec$
$\ln reg$	-0.176*** (-2.75)	-0.180*** (-2.76)	-0.188*** (-2.91)	-0.092*** (-2.97)	-0.104*** (-3.41)	-0.090*** (-2.88)
$\ln gdp$	0.205* (1.67)	0.074 (0.66)	0.179 (1.51)	0.086 (1.45)	0.104* (1.99)	0.093 (1.61)
$\ln stru$	0.272 (1.26)	0.35 (1.32)	0.451* (1.89)	0.254** (2.45)	0.379*** (3.43)	0.229* (1.97)
$\ln open$	-0.112* (-1.74)	-0.143** (-2.26)	-0.134** (-2.16)	-0.063** (-2.06)	-0.046 (-1.56)	-0.058* (-1.94)
$\ln tech$	-0.032 (-0.65)	-0.039 (-0.78)	-0.052 (-1.04)	0.003 (0.14)	-0.004 (-0.17)	0.005 (0.23)
low	0.367*** (4.07)	0.470*** (4.82)	0.467*** (5.20)	-0.141*** (-3.27)	-0.099** (-2.16)	-0.157*** (-3.60)
mid	0.416*** (6.94)	0.413*** (6.73)	0.464*** (7.10)	-0.021 (-0.73)	-0.001 (-0.01)	-0.027 (-0.87)
$cons$	0.996 (0.85)	2.630*** (2.99)	0.964 (0.83)	2.288*** (2.89)	1.685** (2.43)	2.288*** (2.69)
ρ	0.277* (1.94)	0.224* (1.71)	0.228* (1.74)	0.211* (1.68)	0.164 (1.31)	0.198 (1.54)
λ	-0.254* (-1.74)	-0.076 (-0.51)	-0.189 (-1.24)	-0.240 (-1.33)	-0.151 (-0.86)	-0.217 (-1.19)
obs	165	165	165	165	165	165
R^2	0.587	0.579	0.588	0.616	0.629	0.616
Wald Test	218.652	212.096	219.308	247.432	261.172	246.758
F-Test	21.865	21.210	21.931	24.743	26.117	24.676
LRTest（SAR）	0.554 (P=0.45)	0.543 (P=0.43)	0.056 (P=0.80)	2.832* (P=0.09)	1.719 (P=0.18)	2.360 (P=0.12)
LRTest（SEM）	3.034* (P=0.08)	3.026* (P=0.09)	3.548* (P=0.07)	3.782* (P=0.07)	3.748* (P=0.08)	3.409* (P=0.09)

续表

变量	haze = PM2.5			haze = PM10		
	方程1 ener = coal	方程2 ener = petr	方程3 ener = elec	方程1 ener = coal	方程2 ener = petr	方程3 ener = elec
LR Test (SAC)	8.907*** (P = 0.01)	8.753*** (P = 0.01)	8.107*** (P = 0.01)	8.833*** (P = 0.01)	8.774*** (P = 0.01)	8.363*** (P = 0.01)
LM (lag)	5.419*** (P = 0.01)	5.690*** (P = 0.01)	5.812*** (P = 0.01)	5.491*** (P = 0.01)	5.279*** (P = 0.01)	5.180*** (P = 0.01)
LM (error)	6.937*** (P = 0.01)	6.614*** (P = 0.01)	6.596*** (P = 0.01)	6.255** (P = 0.02)	6.136** (P = 0.02)	6.096** (P = 0.02)
LM (sac)	7.147*** (P = 0.01)	7.718*** (P = 0.01)	7.878*** (P = 0.01)	7.523*** (P = 0.01)	8.300*** (P = 0.01)	8.101*** (P = 0.01)

注: *、**、*** 分别表示在10%、5%和1%的统计水平下显著。

表 6.10　　　　　　　　长江经济带能源消费结构对 SO_2 和
NO_2 影响的空间计量估计结果

变量	haze = SO_2			haze = NO_2		
	方程1： ener = coal	方程2： ener = petr	方程3： ener = elec	方程1： ener = coal	方程2： ener = petr	方程3： ener = elec
lnener	0.122** (2.24)	0.288*** (4.06)	0.088* (1.78)	0.218*** (3.96)	0.083* (1.83)	0.308*** (4.53)
lnagg	-0.279** (-2.42)	-0.010 (-0.09)	-0.191 (-1.42)	0.006 (0.08)	-0.069 (-0.95)	0.107 (1.33)
lnfirm	-0.044 (-0.57)	0.202** (2.53)	0.035 (0.34)	0.144*** (3.10)	0.096 (1.81)	0.256*** (4.14)
lnreg	-0.088 (-1.17)	-0.034 (-0.47)	-0.081 (-1.09)	-0.119** (-2.56)	-0.119** (-2.45)	-0.103** (-2.25)
lngdp	0.145 (0.98)	0.124 (0.97)	0.090 (0.64)	0.374*** (4.22)	0.538*** (4.40)	0.389*** (4.61)
lnstru	0.462* (1.78)	-0.016 (-0.06)	0.352 (1.24)	-0.336** (-2.18)	-0.364** (-2.12)	-0.583*** (-3.45)
lnopen	0.047 (0.61)	0.015 (0.21)	0.037 (0.49)	-0.012 (-0.27)	0.019 (0.41)	0.014 (0.31)

续表

变量	haze = SO$_2$			haze = NO$_2$		
	方程1： ener = coal	方程2： ener = petr	方程3： ener = elec	方程1： ener = coal	方程2： ener = petr	方程3： ener = elec
lntech	-0.030 (-0.51)	-0.017 (-0.29)	-0.026 (-0.45)	0.016 (0.45)	0.027 (0.73)	0.041 (1.16)
low	-0.373*** (-3.44)	-0.543*** (-4.92)	00.388*** (-3.58)	-0.117 (-1.81)	-0.228*** (-3.18)	-0.240*** (-3.75)
mid	-0.121* (-1.69)	-0.184*** (-2.64)	-0.148* (-1.92)	0.004 (0.10)	0.007 (0.16)	-0.061 (-1.31)
cons	2.310 (1.41)	4.397*** (3.69)	3.395** (2.21)	4.065*** (4.63)	2.051*** (2.94)	4.302*** (5.03)
ρ	0.212* (1.96)	0.267* (1.81)	0.240* (1.74)	0.304** (2.04)	0.292* (1.96)	0.203 (1.63)
λ	0.116 (0.53)	0.057 (0.27)	0.152 (0.74)	0.223 (1.53)	0.284* (1.86)	0.186 (1.31)
obs	165	165	165	165	165	165
R^2	0.282	0.347	0.286	0.626	0.597	0.639
Wald Test	60.362	81.974	61.595	257.246	228.374	271.253
F-Test	6.036	8.197	6.160	25.725	22.837	27.125
LRTest （SAR）	0.920 （P = 0.33）	0.661 （P = 0.41）	1.304 （P = 0.25）	0.002 （P = 0.96）	0.211 （P = 0.64）	0.001 （P = 0.97）
LRTest（SEM）	3.282 （P = 0.09）	3.070 （P = 0.09）	3.554 （P = 0.09）	2.345 （P = 0.10）	3.446 （P = 0.08）	1.708 （P = 0.19）
LR Test（SAC）	7.435 （P = 0.05）	7.604 （P = 0.05）	7.602 （P = 0.05）	6.794 （P = 0.06）	6.547 （P = 0.07）	6.669 （P = 0.07）
LM（lag）	0.425 （P = 0.51）	0.481 （P = 0.48）	0.383 （P = 0.53）	0.648 （P = 0.19）	1.494 （P = 0.22）	0.670 （P = 0.41）
LM（error）	5.458 （P = 0.06）	5.751 （P = 0.06）	5.290 （P = 0.07）	5.182 （P = 0.06）	5.342 （P = 0.06）	5.286 （P = 0.07）
LM（sac）	7.459 （P = 0.05）	7.837 （P = 0.05）	7.407 （P = 0.06）	7.617 （P = 0.06）	7.674 （P = 0.06）	7.752 （P = 0.06）

注：*、**、***分别表示在10%、5%和1%的统计水平下显著。

（1）长江经济带能源结构对雾霾污染的影响作用分析。

表6.9第2～4列报告了不同能源消费结构对长江经济带PM2.5的作用结果。估计结果显示，煤炭消费、汽油消费和电力消费的估计系数分别为0.190、0.182和0.241，且均在5%的统计水平下显著。这表明，当三类能源消费占比分别提高1%时，长江经济带PM2.5浓度分别提高0.190%、0.182%和0.241%。由此可见，尽管电力消费并非占比最大，但单位占比所带来的PM2.5浓度的提升最大。表6.9第5～7列报告了不同能源消费结构对长江经济带PM10的作用结果。估计结果显示，煤炭消费、汽油消费和电力消费的估计系数分别为0.063、0.074和0.064，且分别在10%和5%的统计水平下显著。这表明，当三类能源消费占比分别提高1%时，长江经济带PM10浓度分别提高0.063%、0.074%和0.064%。由此可见，电力消费的单位占比所带来的PM10浓度提升最大。

表6.10第2～4列报告了不同能源消费结构对长江经济带SO_2的作用结果。估计结果显示，煤炭消费、汽油消费和电力消费的估计系数分别为0.122、0.288和0.088，且均通过了显著性检验。这表明，当三类能源消费占比分别提高1%时，长江经济带SO_2浓度分别提高0.122%、0.288%和0.088%。由此可见，汽油消费单位占比所带来的SO_2浓度的提升最大。表6.10第5～7列报告了不同能源消费结构对长江经济带NO_2的作用结果。估计结果显示，煤炭消费、汽油消费和电力消费的估计系数分别为0.218、0.083和0.308，且均通过了显著性检验。这表明，当三类能源消费占比分别提高1%时，长江经济带NO_2浓度分别提高0.218%、0.083%和0.308%。由此可见，电力消费单位占比所带来的NO_2浓度的提升最大。

综上可以看出，尽管煤炭、汽油和电力消费均能在一定程度上加剧长江经济带雾霾污染浓度，但不同能源消费对雾霾污染的影响程度存在显著差异。相对而言，单位电力消费占比对PM2.5浓度和NO_2浓度的影响明显高于单位煤炭消费占比和单位汽油消费占比；而单位汽油消费占比对PM10浓度和SO_2浓度的影响明显高于单位煤炭消费占比和单位电力消费占比。由此可见，对长江经济带而言，尽管煤炭消费占比最高，但其单位消费占比对雾霾污染的影响并非最大。

（2）空间相关性与控制变量估计结果分析。

表6.9和表6.10的估计结果显示，空间相关系数 ρ 在多数方程中显著为正，而空间相关系数 λ 的显著性较低。这表明，雾霾污染的主要污染物PM2.5、PM10、SO_2 和 NO_2 确实存在显著的空间溢出效应。一个地区雾霾污染的整体情况，一方面受到该地区一系列影响因素的作用，同时还受到周边地区雾霾污染情况的影响作用。对于长江经济带而言，雾霾污染表现为"一荣俱荣，一损俱损"的空间相关性。

控制变量的估计结果显示，不同能源消费结构对雾霾污染的影响不尽相同，同一类能源消费对不同雾霾污染物的影响也不尽相同。总体上看，工业集聚、规模经济、环境规制、经济发展水平、产业结构这五个变量对PM2.5浓度、PM10浓度和 NO_2 浓度的影响较为显著，但作用方向不尽相同。其中，环境规制能够显著降低这三类污染物浓度，而经济发展水平提升会在一定程度上加剧这三类污染物浓度提升。从长江经济带各流域情况看，估计结果显示，不同污染物的空间分布也不尽相同。PM2.5浓度估计结果显示，中下游地区估计结果显著为正，其污染程度明显高于上游地区；PM10浓度、SO_2 浓度和 NO_2 浓度估计结果显示，上游地区估计结果显著为正，其污染程度明显高于中下游地区。因此，对于长江中下游地区而言，雾霾污染物主要表现为PM2.5；而长江上游地区的雾霾污染物主要为PM10、SO_2 和 NO_2。

6.3　我国能源消费结构与雾霾污染的趋势预测研究

6.3.1　数据说明与模型构建

（1）数据说明。

沿用表6.3中对变量的命名方式，煤炭消费结构（$coal_{it}$）、汽油消费结构（$petrol_{it}$）、电力消费结构（$elec_{it}$）分别采用煤炭消费量、汽油消费量、电力消费量占能源消费总量的比重对能源消费结构进行测度。选取2001～2015年我国能源消费总量、煤炭消费量、汽油消费量及电力消费量的均值数据进行研究，结果如表6.11所示。

表6.11　　　　　　　2001～2015年全国能源消费基本情况　　　　单位：万吨标准煤

年份	煤炭消费	汽油消费	电力消费	能源消费总量
2001	3736.67	187.41	640.99	5225.36
2002	4078.02	199.23	693.6	5812.27
2003	4615.49	212.1	795.68	6597.16
2004	5313.59	241.86	917.01	7575.97
2005	6295.76	307.45	1035.69	8586.50
2006	6959.68	338.49	1173.02	9481.76
2007	7609.97	375.67	1345.68	10384.73
2008	7940.61	383.7	1427.84	11036.54
2009	8327.07	411.66	1524.12	11687.76
2010	9043.53	471.31	1737.81	12559.29
2011	10180.52	523.61	1958.31	13367.36
2012	10369.63	569.19	2072.37	14013.31
2013	10350.76	559.5	2208.09	14197.94
2014	10289.29	585.18	2301.79	14376.23
2015	10141.77	648.66	2365.24	14617.42

注：数据来源于《中国能源统计年鉴》《中国能源统计年报》。

（2）模型构建。

灰色系统理论是我国学者邓聚龙教授于1982年创立的。它以"部分信息已知，部分信息未知"的"小样本""贫信息"的不确定性系统为研究对象，通过对部分已知信息的生成、开发，提取有价值的信息，实现对系统运行行为和演化规律的正确把握和描述。基于灰色系统理论的预测方法自创建以来，已在许多领域得到成功应用。其中，一个变量、一阶微分的GM（1，1）预测模型是灰色系统预测的重要模型，因其所需建模信息少、运算简便、精度高、易于检验等特点，常用于能源与环境等问题的预测。

灰色 GM(1，1) 预测模型是将获取的原始数据序列进行一次累加生成处理，生成新的有较强规律性的数据序列，然后建立相应的一阶单变量微分方程模型，寻找生成数据序列的规律，并用微分方程的解对生成序列呈现的规律进行拟合，最后再将运算结果还原的一种方法，其基础是数据的生成。为确保所建模型有较高的精度应用于预测实践，一般还需要检验。

其模型构建及其检验步骤如下：

第一步，GM(1，1) 模型的实质是指数方程，在建模前对原始序列 $x^{(0)}(k)$ 进行检验。首先进行准光滑性检验，光滑比可表示为式（6.5）：

$$\rho(k) = \frac{x^{(0)}(k)}{\sum\limits_{i=1}^{k-1} x^{(0)}(i)}, k = 2,3,4,\cdots,n \qquad (6.5)$$

对适用条件 $\rho(k) \in [0, \varepsilon]$，$\varepsilon < 0.5$ 的数据序列，称该序列 $x^{(0)}(k)$ 是准光滑序列。其次，对原始序列 $x^{(0)}(k)$ 作准指数检验，针对其指数规律进行检验，检验公式可表示为式（6.6）：

$$\sigma(k) = \frac{x^{(0)}(k)}{x^{(0)}(k-1)}, k = 2,3,\cdots,n, \sigma(k) \in [1,1+\delta] \qquad (6.6)$$

对满足 $\delta = 0.5$ 条件的数据序列，称该序列 $x^{(0)}(k)$ 呈现出准指数规律。只有同时通过准光滑检验和准指数检验的序列才能在此基础上建立 GM(1，1) 灰色模型，进行数据预测。

第二步，原始数据序列通过检验后，对其做一阶累加生成序列 $x^{(1)}(k)$，其稳定性要强于原始数据序列 $x^{(0)}(k)$，数列表示为 $x^{(1)}(k) = (x^{(1)}(1)$，$x^{(1)}(2),\cdots,x^{(1)}(n))$，其中 $x^{(1)}(k) = \sum\limits_{i=1}^{k} x^{(0)}(i), k = 1,2,\cdots,n$。再由一阶累加序列 $x^{(1)}(k)$ 生成紧邻均值生成序列 $z^{(1)}(k)$：

$$z^{(1)}(k) = \frac{1}{2}(x^{(1)}(k) + x^{(1)}(k-1)), k = 2,3,\cdots,n$$

第三步，计算参数向量 $\hat{a} = [a, b]^T$ 的最小二乘估计值。$\hat{a} = [a, b]^T$ 可以运用最小二乘法估计 $\hat{a} = (B^T B)^{-1} B^T Y$，其中：$Y = (x^{(0)}(2) \cdots x^{(0)}(n))^T$，

$$B = \begin{bmatrix} -z^{(1)}(2) & 1 \\ \vdots & \vdots \\ -z^{(1)}(n) & 1 \end{bmatrix}$$

利用上述估计得到的 a 和 b 的值确定 GM(1, 1) 模型 $x^{(0)}(k) + az^{(1)}(k) = b$ 的白化微分方程：

$$\frac{d_{x^{(1)}}}{d_t} + ax^{(1)} = b$$

第四步，进一步得到均值 GM(1, 1) 模型的时间响应式为：

$$\hat{x}^{(1)}(k+1) = \left(x^{(0)}(1) - \frac{b}{a} \right) e^{-ak} + \frac{b}{a}$$

第五步，将数据还原后得到预测模型：

$$\hat{x}^{(0)}_{(k+1)} = \hat{x}^{(1)}_{(k+1)} - \hat{x}^{(1)}_{(k)} \tag{6.7}$$

第六步，模型的精度检验—残差检验和后验差检验。计算模型还原值与实际值之间的残差，首先计算绝对残差序列：$\Delta^{(0)}(k) = |x^{(0)}(k) - \hat{x}^{(0)}(k)|$（$k = 1, 2, 3, \cdots, n$）；在绝对残差序列基础上计算平均相对误差：$\bar{\phi} = \frac{1}{k} \sum_{i=1}^{k} \phi_i$，其中 $\varphi_i = \frac{\Delta^{(0)}(k)}{x^{(0)}(k)}$；给定检验水平 α（1%，5%，10%），合理地预测模型满足 $\bar{\phi} < \alpha$ 和 $\phi_i < \alpha$ 两个条件。

后验差检验也是检验模型预测精确度的重要指标。首先计算原始序列和残差序列的标准差：$S_1 = \sqrt{\frac{1}{n-1} \sum_{k-1}^{n} (x^{(0)}(k) - \bar{x}^{(0)})^2}$，$S_2 = \sqrt{\frac{1}{n-1} \sum_{k-1}^{n} (\Delta^{(0)}(k) - \bar{\Delta}^{(0)})^2}$，其中 $\bar{x}^{(0)} = \frac{1}{n} \sum_{k=1}^{n} x^{(0)}(k)$，$\bar{\Delta}^{(0)} = \frac{1}{n} \sum_{k=1}^{n} \Delta^{(0)}(k)$ 分别为原始序列和残差序列的平均值；然后计算标准差比值 C 和小误差概率 P：

$$C = \frac{S_2}{S_1}, P = P\{ |\Delta^{(0)}(k) - \bar{\Delta}^{(0)}| < 0.6745S_1 \}$$

通过检验的标准为 C 越小，P 越大，模型越好。但一般情况下模型精度

由 C 和 P 共同决定（见表6.12）。如果 C、P 的值在允许的范围内，则可以用所建的模型进行预测，否则应进行残差修正。

表 6.12　　　　　　　　　　模型精度检验等级参照

模型精度等级	指标范围和临界值	
	标准差比值 C	小误差概率 P
一级（优）	<0.35	>0.95
二级（合格）	<0.50	>0.80
三级（勉强合格）	<0.65	>0.70
四级（不合格）	$\geqslant 0.65$	$\leqslant 0.70$

6.3.2　实证结果与分析

（1）能源消费总量的预测分析。

本部分将根据2001～2015年的数据，基于灰色建模软件对2016～2020年我国能源消费总量进行预测。根据能源消费总量数据构建原始序列：$x^{(0)} = (5225.36，5812.27，\cdots，14617.42)$。对序列进行准指数检验，计算原始序列的级比序列：$\sigma^{(0)} = (1.11，1.35，\cdots，1.02) \in (0.5，1.5)$。原始序列通过准指数检验，可以构建灰色 $GM(1,1)$ 模型。基于建模软件得出参数的最小二乘估计 $\hat{\alpha} = (a，b)^T = \begin{bmatrix} -0.06 \\ 6667.01 \end{bmatrix}$，由此得出 $GM(1,1)$ 模型的时间响应式：

$$\hat{x}^{(1)}(k+1) = 116342.19e^{0.06k} - 111116.83 \quad (k=0,1,2,\cdots)$$

用 EC 表示能源消费总量，ECF 表示能源消费总量的模拟值，RE 表示相对误差。模型对原序列的拟合情况如图6.1所示。从图6.1可以看出，模型预测值对能源消费总量真值的变化趋势拟合较好；同时相对误差整体较小，在（-0.02，+0.02）区间波动，说明模型的预测精度高，适用于能源消费总量的预测。

基于能源消费总量灰色预测模型，预测我国 2016～2020 年能源消费总量变化趋势。预测结果如表 6.13 所示。从表 6.13 可以看出，未来五年间，全国能源消费总量将呈现逐年增长态势，年增长速度在 7% 上下波动，五年间增长幅度高达 38.24%，预计到 2020 年能源消费总量水平将是 2007 年消费水平的两倍。

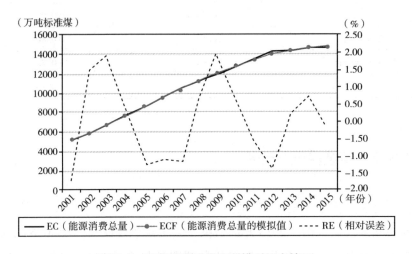

图 6.1 能源消费总量预测模型拟合情况

注：数据来源于《中国能源统计年鉴》《中国能源统计年报》。

表 6.13	2016～2020 年全国能源消费总量模型预测情况			单位：万吨标准煤	
年份	2016	2017	2018	2019	2020
预测值	15050.95	16132.56	17282.78	18505.97	20806.75

（2）能源消费结构的预测分析。

本部分将根据 2001～2015 年的数据，基于灰色建模软件对 2016～2020 年我国能源消费结构进行预测。在能源消费结构的测度上，本部分遵循前文所诉方法：分别采用煤炭消费量、汽油消费量、电力消费量占能源消费总量的比重对能源消费结构进行测度。首先基于灰色 GM(1, 1) 模型对煤炭消费量、汽油消费量、电力消费量进行预测，再结合能源消费总量预测值最终得到能源消费结构预测值。由于本部分预测原理与能源消费总量预测部分相同，故本部分只给出各总量指标预测模型及其拟合图。

根据 2001～2015 年的数据，基于灰色建模软件对 2016～2020 年我国煤炭消费总量进行预测。根据煤炭消费总量数据构建原始序列：$x^{(0)} = (3736.67, 4078.02, \cdots, 10141.77)$。对序列进行准指数检验，计算原始序列的级比序列：$\sigma^{(0)} = (1.09, 1.13, \cdots, 0.99) \in (0.5, 1.5)$。原始序列通过准指数检验，可以构建灰色 GM(1, 1) 模型。基于建模软件得出参数的最小二乘估计 $\hat{\alpha} = (a, b)^T = \begin{bmatrix} -0.06 \\ 4847.06 \end{bmatrix}$，由此得出 GM(1, 1) 模型的时间响应式：

$$\hat{x}^{(1)}(k+1) = 83066.29e^{0.0611k} - 79329.62 \quad (k = 0, 1, 2, \cdots)$$

根据 2001～2015 年的数据，基于灰色建模软件对 2016～2020 年我国汽油消费总量进行预测。根据汽油消费总量数据构建原始序列：$x^{(0)} = (187.41, 199.23, \cdots, 648.66)$。对序列进行准指数检验，计算原始序列的级比序列：$\sigma^{(0)} = (1.06, 1.06, \cdots, 1.11) \in (0.5, 1.5)$。原始序列通过准指数检验，可以构建灰色 GM(1, 1) 模型。基于建模软件得出参数的最小二乘估计 $\hat{\alpha} = (a, b)^T = \begin{bmatrix} -0.08 \\ 209.24 \end{bmatrix}$，由此得出 GM(1, 1) 模型的时间响应式：

$$\hat{x}^{(1)}(k+1) = 2349.50e^{0.0918k} - 2162.09 \quad (k = 0, 1, 2, \cdots)$$

根据 2001～2015 年的数据，基于灰色建模软件对 2016～2020 年我国电力消费总量进行预测。根据电力消费总量数据构建原始序列：$x^{(0)} = (640.99, 693.60, \cdots, 2365.24)$。对序列进行准指数检验，计算原始序列的级比序列：$\sigma^{(0)} = (1.08, 1.15, \cdots, 1.03) \in (0.5, 1.5)$。原始序列通过准指数检验，可以构建灰色 GM(1, 1) 模型。基于建模软件得出参数的最小二乘估计 $\hat{\alpha} = (a, b)^T = \begin{bmatrix} -0.09 \\ 740.28 \end{bmatrix}$，由此得出 GM(1, 1) 模型的时间响应式：

$$\hat{x}^{(1)}(k+1) = 9149.94e^{0.0870k} - 8508.95 \quad (k = 0, 1, 2, \cdots)$$

各总量指标灰色预测模型见表 6.14 所示，各个模型拟合图见图 6.2～图 6.4 所示。

表 6.14　　　　**煤炭消费量、汽油消费量、电力消费量灰色预测模型及检验**

序列	灰色预测模型	平均相对误差（%）	检验结果
煤炭消费量	$\hat{x}^{(1)}(k+1)=83066.29e^{0.0611k}-79329.62$	2.272768 **	合格
汽油消费量	$\hat{x}^{(1)}(k+1)=2349.50e^{0.0918k}-2162.09$	3.948224 **	合格
电力消费量	$\hat{x}^{(1)}(k+1)=9149.94e^{0.0870k}-8508.95$	1.644006 **	合格

注：** 表示检验的显著性水平为 5%。

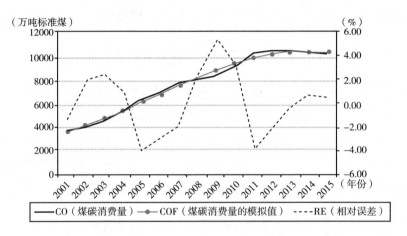

图 6.2　煤炭消费量预测模型拟合情况

注：数据来源于《中国能源统计年鉴》《中国能源统计年报》。

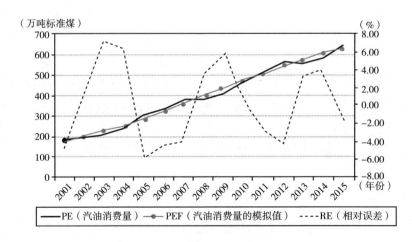

图 6.3　汽油消费量预测模型拟合情况

注：数据来源于《中国能源统计年鉴》《中国能源统计年报》。

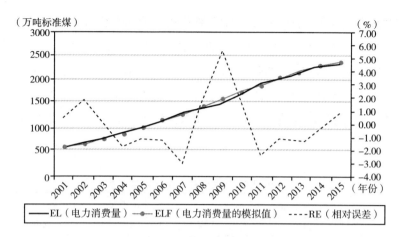

图 6.4 电力消费量预测模型拟合情况

注：数据来源于《中国能源统计年鉴》《中国能源统计年报》。

从表 6.14 中可以看出，煤炭消费量、汽油消费量、电力消费量的三个灰色 GM(1, 1) 模型均在 5% 的显著性水平上通过了残差检验，说明建立的模型可以用于各能源消费总量指标的预测。在图 6.2 中，用 CO 表示煤炭消费量，COF 表示煤炭消费量的模拟值，RE 表示相对误差，图中显示煤炭消费量预测模型对原序列的拟合情况较好，相对误差整体较小，在（－0.06，0.06）区间内波动，表明模型的预测精度较高；在图 6.3 中，用 PE 表示汽油消费量，PEF 表示汽油消费量的模拟值，RE 表示相对误差，图中显示汽油消费量预测模型对原序列的拟合情况较好，相对误差整体较小，在（－0.08，0.08）区间内波动，表明模型的预测精度较高；在图 6.4 中，用 EL 表示电力消费量，ELF 表示煤炭消费量的模拟值，RE 表示相对误差，图中显示煤炭消费量预测模型对原序列的拟合情况较好，相对误差整体较小，在（－0.04，0.06）区间内波动，表明模型的预测精度较高。综上，各个能源消费总量指标预测模型均通过了残差检验，模型预测精度较高。

基于灰色预测模型对我国 2016～2020 年能源消费结构进行预测，预测结果见表 6.15。从总量指标角度来看，除煤炭消费量指标外，其余三个总量指标均呈现明显的逐年增长态势，其中电力消费量增长最快，年平均增长率在 9% 上下波动，汽油消费量增长最慢，年平均增长率在 2% 上下波动；从结构指标角度来看，煤炭消费占比和汽油消费占比均呈现明显的逐年下降趋势，其中煤炭消费占比下降最为明显，五年间下降近 38 个百分点，而电力消费占比呈现先增后降的倒 U 形趋势，预计在 2019 年达到峰值之后开始下降。综上，可以看出，未来五年间我国能源消费将逐步摆脱过度依赖煤炭的困局，对煤炭、汽油等环境污染大的能源的依赖度逐年降低，能源结构趋于多元化，逐步向电力等清洁能源倾斜。

表 6.15　　　　　　2016～2020 年全国能源消费结构模型预测情况

预测年份	能源消费总量	煤炭消费		汽油消费		电力消费	
		总量	占比	总量	占比	总量	占比
2016	15050.95	9821.76	65.26	660.25	4.39	2810.54	18.67
2017	16132.56	9207.20	57.07	679.44	4.21	3065.94	19.00
2018	17282.78	8330.20	48.20	693.61	4.01	3344.55	19.35
2019	18505.97	7167.05	38.73	702.16	3.79	3648.47	19.72
2020	20806.75	5694.00	27.37	704.50	3.39	3980.02	19.13

　　注：表中各能源消费总量单位均为"万吨标准煤"，能源消费占比单位均为"%"。根据历年数据预测所得，数据来源于《中国能源统计年鉴》《中国能源统计年报》。

（3）能源消费结构对雾霾污染影响的预测分析。

沿用前文，将雾霾污染主要构成污染物 PM2.5 浓度（$pm_{2.5it}$）、PM10 浓度（pm_{10it}）、SO$_2$ 浓度（so_{2it}）、NO$_2$ 浓度（no_{2it}）作为因变量，对雾霾污染进行测度。基于空间滞后模型（SAR）的能源消费结构对雾霾污染影响的空间计量估计结果（见表 6.16）显示：煤炭消费和汽油消费对 PM2.5 浓度作用的估计系数分别为 0.083 和 0.281，这表明，当煤炭和汽油消费占比分别提高 1% 时，全国范围 PM2.5 浓度分别提高 0.083% 和 0.281%。从全国范围看，其一，尽管汽油消费并非占比最大，但单位占比所带来的 PM2.5 浓度的提升最大；煤炭消费和电力消费对 PM10 浓度作用的估计系数分别为 0.051 和 0.097，这表明，当煤炭和电力消费占比分别提高 1% 时，全国范围 PM10 浓度分别提高 0.051% 和 0.097%。其二，尽管电力消费并非占比最大，但单位占比所带来的 PM10 浓度的提升最大；煤炭消费和汽油消费对 SO$_2$ 浓度作用的估计系数分别为 0.092 和 0.244，这表明，当煤炭和汽油消费占比分别提高

1%时，全国范围 SO_2 浓度分别提高 0.092% 和 0.244%。其三，尽管汽油消费并非占比最大，但单位占比所带来的 SO_2 浓度的提升最大；汽油消费对 NO_2 浓度作用的估计系数为 0.054，这表明，汽油消费占比提高 1% 时，全国范围 NO_2 浓度提高 0.054%。其四，汽油消费单位占比所带来的 NO_2 浓度的提升明显。

表 6.16　　　　　　　能源消费结构对雾霾污染影响作用系数估计

指标	煤炭消费影响系数	汽油消费影响系数	电力消费影响系数
PM2.5 浓度	0.083	0.281	—
PM10 浓度	0.051	—	0.097
SO_2 浓度	0.092	0.244	—
NO_2 浓度	—	0.054	—

注：表中"—"代表系数估计结果不显著。

表 6.15 对煤炭消费量、汽油消费量、电力消费量及其占比均做了预测，通过将三种能源的消费占比结合其能源消费量对雾霾污染的刻画指标作用的估计系数，分别预测 2016～2020 年 PM2.5 浓度、PM10 浓度、SO_2 浓度、NO_2 浓度等指标的变化趋势，综合反映能源消费结构对雾霾污染影响程度，预测结果如表 6.17 所示。

表 6.17　　　　　全国雾霾污染主要污染物浓度预测情况　　　　单位：$\mu g/m^3$

预测年份	PM2.5	PM10	SO_2	NO_2
2016	49.84	100.72	25.16	31.56
2017	49.99	101.29	25.19	31.61
2018	49.89	101.69	25.10	31.65
2019	49.48	101.86	24.85	31.67
2020	48.68	101.69	24.40	31.67

注：根据历年数据预测所得。PM2.5 来源于巴特尔研究所、哥伦比亚大学国际地球科学信息网络中心，其余指标数据来源于《中国环境统计年鉴》和各省区市《环境状况公报》。

表 6.17 中结果显示，从整体来看，雾霾污染的主要污染物浓度在未来五年内将呈现稳中有降态势，全国雾霾污染局面将有所缓解；从 PM2.5 浓度指

标来看，在煤炭消费逐年下降与汽油消费逐年稳步上升的双重作用下，PM2.5浓度在未来五年内将呈现先增后降的倒 U 形趋势，预计在 2017 年达到峰值之后逐年下降；从 PM10 浓度指标来看，在煤炭消费逐年下降和电力消费逐年增长的双重作用下，PM10 浓度在未来五年内将呈现先增后降的倒 U 形趋势，预计在 2019 年达到峰值之后逐年下降；从 SO_2 浓度指标来看，在煤炭消费逐年下降和汽油消费稳步上升的双重作用下，SO_2 浓度在未来五年内将呈现先增后降的倒 U 形趋势，预计在 2017 年达到峰值之后逐年下降；从 NO_2 浓度指标来看，汽油消费稳步上升的主要作用下，NO_2 浓度在未来五年内将呈现先增后平稳的趋势，整体增长态势较平稳。

6.4　本章小结

6.4.1　结论

本章对我国的雾霾污染和能源消费结构发展现状进行了研究，采用多维度指标进行全方位分析和讨论。在此基础之上，运用空间计量方法系统分析了雾霾污染对能源消费结构的影响，采用探索性空间数据分析方法、SAR、SEM、SDM、SAC 等空间计量模型进行实证检验。同时，本研究还对我国典型区域——长江经济带进行了研究和分析，旨在发现我国典型区域在全国范围的典型意义；根据我国当前的能源消费结构现状，对能源消费结构变化趋势进行分析，基于灰色系统模型中的 GM（1，1）模型对我国能源消费总量、能源消费结构以及雾霾污染的主要污染物浓度进行预测。通过系统分析与研究，本章得到以下研究结论：

第一，从能源消费结构看，全国范围研究结果显示，相比中西部地区，东部地区能源消费结构更加多样化，对煤炭能源的依赖性更低；长江经济带研究结果显示，相比中上游地区，长江经济带下游地区能源消费结构更加多样化，对煤炭能源的依赖性更低。

第二，总体看，煤炭、汽油和电力三类能源消费均能够在一定程度上加剧全国范围和长江经济带雾霾污染状况。尽管煤炭消费占比最高，但其单位消费占比对雾霾污染的作用低于汽油和电力消费占比的作用。电力消费的单位占比所带来的 PM10 浓度提升最大，汽油消费单位占比所带来的 SO_2 浓度的提升最大。

第三，从控制变量看，工业集聚、规模经济、环境规制、经济发展水平、产业结构这五个变量对 PM2.5 浓度、PM10 浓度和 NO_2 浓度的影响较为显著，但作用方向不尽相同。无论是从全国的东、中、西部情况来看还是从长江经济带上、中、下游来看，同一控制变量对不同地区的雾霾污染污染物的影响也存在着较大差异。

第四，基于灰色预测模型，未来五年间，除煤炭消费总量指标外，全国能源消费总量、汽油消费和电力消费总量指标均呈现明显的逐年增长态势。煤炭消费占比和汽油消费占比均呈现明显的逐年下降趋势，而电力消费占比呈现先增后降的倒 U 形趋势。PM2.5 浓度、PM10 浓度、SO_2 浓度在未来五年内将呈现先增后降的倒 U 形趋势，NO_2 浓度在未来五年内将呈现先增后平稳的趋势。

6.4.2 启示

本章主要的政策启示如下：

（1）优化能源消费结构是降低雾霾污染的有效手段。

本章实证结果显示，以煤炭、汽油、电力为主的能源消费结构在一定程度上会加剧长江经济带雾霾污染状况。我国粗放型的经济发展方式导致工业能源消耗大、使用效率低下，从而导致大量污染物排放，最终造成雾霾污染的发生和扩展。因此，通过优化能源消费结构来实现治霾工作的推进是一条合理且可行的途径。我们要改变当前粗放型的经济发展方式，提高工业能源效率水平，实现由"粗放"到"集约"的发展模式转变，进而达到有效治霾的目标。

从长江经济带发展现实看，该区域能源禀赋具有多煤、少油和缺气的特点，该能源储备结构决定了长江经济带以煤炭资源为主的能源消费结构。《中国能源统计年鉴》报告的数据显示，长江经济带工业能源消费的71%来自煤炭，清洁能源的使用比例较低。长江经济带的发展离不开能源消费，破解生态环境与经济社会协调发展难题的关键在于优化能源结构，具体来讲，就是要降低煤炭消耗比例、增加清洁能源的供给、促进能源体系多元化发展，进而在长期实现有效治霾。建议从以下两个方面入手。一要在工业转型升级过程中，加强替代性能源的使用，如水电、天然气、风能、太阳能、页岩气等清洁能源，逐步降低工业经济发展对煤炭能源的依赖性，依托长江经济带绿色能源产业的建设，推动能源产业转型发展。二要通过政府能源价格机制促进工业能源结构转型，提高煤炭消费的社会分摊成本，补贴清洁能源和新能源开发利用，倒逼企业改进以煤炭消费为主的工业生产方式，加快长江中上游大型高效清洁燃煤电站建设。

（2）优化能源消费结构、实现"治污减霾"要重视区域间合作发展。

实证结果表明，能源消费结构和雾霾污染均具有显著的空间溢出效应。这就要求在"治污减霾"工作中要实现区域联动，单靠地区自身力量难以达到预期目标。

就长江经济带而言，《长江经济带发展规划纲要》中明确指出，必须打破行政区划的界限和壁垒，加强环境污染联防联治，推动建立区域间、上下游的生态补偿机制，加快形成长江流域统筹协调的区域发展体系。这就要求必须增强联防联控意识，构建协同治理机制，实现区域间合作治霾。对此，长江经济带沿江各省份应明确自身环境容量，制定负面清单，强化日常监管监测，形成地区雾霾污染预警应急体系；在此基础上，推行省际环境信息共享，建立起跨部门、跨区域突发环境事件应急响应机制，实现优势互补。科学利用沿江城市的整体力量，构建上、中、下游协作互动格局，这样，实现蓝天碧水长江经济带的美好愿景必将不远。

（3）工业发展与雾霾治理过程中应重视地区产业结构调整和产业转移质量。实证结果显示，对全国而言，东部地区能源消费结构更加多样化，对煤炭能源的依赖性更低；对长江经济带而言，相比中上游地区，长江经济带下游地区能源消费结构更加多样化，对煤炭能源的依赖性更低。相较于我国东中部地区和长江中下游地区，我国西部地区和长江上游地区经济发展相对落后，能源消费结构相对单一和不合理，能源效率相对较低。随着产业结构调整和产业转移的推进，我国东部地区一些高能耗、高污染产业逐步向中西部地区转移，其中大部分省市位于长江中上游地区。因此，在承接东部产业转移的过程中，长江中上游地区应提高环境标准，多引进低能耗、低污染的工业项目；同时，要对现有污染产业，加强环境管制，鼓励企业采用清洁产品和技术。

第7章 我国雾霾污染治理对策研究

本书通过对我国以及典型区域雾霾污染的现状分析和实证分析，确切把握我国雾霾污染的总体特征以及相关影响因素，依据分析重点从多方面探讨雾霾污染的经济成因，从工业集聚、工业效率、全要素工业能源效率和能源消费结构等方面实证检验了其对雾霾污染的影响，分析了我国雾霾污染治理面临的若干问题和关键突破口，最终形成了治理我国雾霾污染的政策与启示。

7.1 建立区域联防联控机制，重视区域合作

建立雾霾污染治理的区域联防联控机制、重视区域间合作发展，形成有效治霾的区域合力。实证结果表明，雾霾污染均具有显著的空间溢出效应。这就要求在"治污减霾"工作中要实现区域联防联控，建立跨区域、跨部门、跨行业、多路径、多手段、多层次的协同治理的联防联控机制。各级地方政府要有全局观念，摒弃地域限制，相互之间通力合作，协同治理。统一环境规制行动，相互积极配合，单靠地区自身力量难以达到预期目标，区域联防联控机制形成的关键在于区域内地方政府间对区域整体利益能够达成共识，以便运用组织和制度资源打破行政区域的界限，通过共同规划和实施环境治理方案，在总体的环境约束条件下实现区域内部个体的经济成本最小化，最终达到控制复合型环境污染、共享治理成果的目的。同时，在工业发展方面，要实现区域产业发展统筹，提高工业能源在区域之间的合理配置，逐步建立和完善我国东、中、西部地区污染防治的联动机制，建立污染治理的生态补

偿机制、利益协调机制，从而优化区域能源消费整体结构、提高工业能源整体利用效率，实现区域间合作共赢。

7.2　提升工业集聚程度与工业效率水平，建立区域协调机制

我国新型工业化发展应权衡工业集聚、工业效率与环境污染之间的关系。中国新型工业化的内容之一是实现增长方式的集约化，提高工业集聚程度是工业集约化发展的重要体现；同时，提高工业经济效率是新型工业化的效率原则之一。工业集聚程度和工业经济效率的提高将有利于新技术的推广，有利于能源和资源的有效利用，有利于人力资源的集聚和优势的发挥；二者相辅相成、相互作用，共同推动新型工业化的发展。同时，新型工业化发展的重要原则之一是减少环境污染。但是，从目前情况来看，工业劳动和资本集聚会加剧雾霾污染程度，产生负的环境效应。工业效率是缓解工业集聚与环境污染负向交互影响的"缓冲剂"，因此，可通过工业效率的提高实现工业集聚与防污减排的良性循环。从影响工业产出效率的因素来看，改善工业产出效率必须提高对外开放程度，加强基础设施建设，提高公共服务水平，增加科技和教育支出。此外，依靠技术创新和科学管理提高生产要素中资本和技术对劳动的替代，对提升工业产出效率也具有十分重要的作用。因此，权衡集聚、效率和环境之间的关系，应当在提高劳动力技术水平、提升资源能源利用度以及科技应用和推广方面加大力度，保证从微观企业生产行为、中观产业结构调整和宏观地方政策这三方面同时入手、多管齐下，使集聚、效率与环境实现协调发展。

首先，通过建立动态观测系统确定集聚水平与环境污染的具体关系；其次，各地区在通过各类开发区或园区建设发展集聚经济过程中，要注意引入资本和项目的结构合理化与高级化，对低污染、低能耗和高附加值产业给予政策优惠与支持，加强环境监管，提高环境准入标准；最后，对产业集聚区域内的高能耗、高污染产业而言，应该鼓励企业进行技术创新，实现技术、

劳动和资本对能源资源的替代，通过减少能源消耗实现减排的目的。同时，对企业完善污染末端处理技术的行为进行财政和资金支持，积极发展污染排放交易市场，推动污染排放的市场化建设。地区之间必须建立起协调机制，共同规划产业发展格局、共同面对环境污染治理工作。当然，区域间有效协作不仅存在于政府层面，更需要行业间和企业间的通力协作，从宏观、中观、微观三个层面建立起区域协调机制，才能实现共同发展、共同治理的有效模式。

7.3 提升全要素工业能源效率，转变发展方式

提高全要素工业能源效率是降低雾霾污染的有效手段。实证结果显示，全要素工业能源效率的提高可以有效降低雾霾污染水平，因此，通过提高全要素工业能源效率水平来实现治霾工作的推进是一条合理且可行的途径。我国粗放型的发展方式是工业能源效率低下的重要原因。粗放型的经济发展方式导致工业能源消耗大、使用效率低下，从而导致大量污染物排放，最终造成雾霾污染的发生和扩展。因此，首先要改变当前粗放型的经济发展方式，提高工业能源效率水平，实现由"粗放"到"集约"的发展模式转变，进而达到有效治霾的目标。同时，在工业发展方面，要实现区域产业发展统筹，提高工业能源在区域之间的合理配置，从而提高工业能源整体利用效率，实现区域间合作共赢。

提高全要素工业能源效率，调整能源结构是提升全要素工业能源效率和推进治霾工作的重要突破口，调整以煤炭能源消费为主的能源结构，成为提升能源效率、有效治霾的关键。其次应推进能源价格改革，改变政府垄断的定价方式，在法律框架内逐步推进中国能源价格的市场化改革，理顺能源产品价格的形成机制，逐步与国际能源市场互接互补。最后，提升全要素工业能源效率应探索工业发展与降低能耗的新途径和新手段，减少传统高能耗、高污染和高排放发展的工业企业，通过政策导向和经济手段，优化工业内部结构、提高工业产品附加值；通过政策激励与监管相结合，淘汰工业内部高

耗能设备，推行并普及节能新技术；通过能源税和排污税等措施限制高耗能产业的扩张，鼓励高耗能产业通过产业升级提高工业企业的能源效率。

7.4　重视产业结构调整，提升产业转移质量

重视地区产业结构调整和产业转移质量，实现产业结构升级，转变工业布局。一方面，我国东中部地区和长江中下游地区工业产业集聚发展，在一定程度上产生了集聚的负外部性，导致环境污染问题加剧。另一方面，产业结构不合理、产业重构现象严重等问题导致资源能源错配，从而造成大量资源能源浪费，进一步加剧了环境污染。调整产业结构，首先在数量上严格控制高污染、高排放和高能耗产业的发展，积极进行产业结构升级，淘汰落后产能，鼓励污染行业实行清洁生产，在排放终端控制和处理烟尘粉尘直接向大气中排放。其次，强化工业企业的节能减排，推动建立以企业为主体、产学研相结合的节能减排技术创新与成果转化体系，推广节能减排技术，着力培养一批有示范作用的低碳企业，促进产品结构优化升级。还应大力发展第三产业，积极开拓市场潜力大、投资效益好的服务行业。通过发展新型低碳产业，积极发展清洁及可再生能源，替代传统的高碳化石能源，逐步建立起低碳的能源系统、低碳的技术体系和低碳的产业结构，使经济发展由传统模式逐步向低碳经济转型，这是中国产业转型的长期方向，也是抢占未来产业制高点的必然选择。在承接东部产业转移的过程中，中西部地区应提高环境标准，多引进低能耗、低污染的工业项目，同时，要对现有污染产业加强环境管制，鼓励企业采用清洁产品和技术。各省份应当在本地区发展现实的基础上，形成地区间产业分工协作，形成全国范围以及长江经济带产业一体化发展格局，进而实现资源能源的高效配置。

工业集聚与环境治理过程中应重视地区产业结构调整和产业转移的质量。中部地区面临的"高集聚、低效率、重污染"的现状在很大程度上是由于我国区域间的产业结构调整和转移造成的。随着我国对中部崛起的重视和支持，京津冀、长三角等经济发达的东部地区将很多高能耗、高污染的产业向与之

邻接的中部地区转移。在地区分权和 GDP 绩效激励下，中部地区在承接产业转移过程中，为了抢占能够尽快增加地区 GDP 的项目，便放松了环境管制力度，以牺牲环境为代价换取 GDP 的增长和个人政绩的提升。要改善中部地区面临的现状，必须采取以下几方面的措施：第一，改变当前以经济增长为主要衡量指标的政绩激励机制，采用多元化的政绩考核机制；第二，中部地区在承接东部产业转移的过程中，应提高环境标准，尽量多引进低能耗、低污染的工业项目；第三，对中部地区现有的污染产业，要加强环境管制，鼓励企业采用清洁产品和技术；第四，逐步建立和完善东中部地区污染防治的联动机制，建立污染治理的生态补偿机制。

7.5　调整能源消费结构，建立现代能源体系

本书实证结果显示，以煤炭、汽油、电力为主的能源消费结构在一定程度上会加剧我国雾霾污染状况。我国粗放型的经济发展方式导致工业能源消耗大、使用效率低下，从而导致大量污染物排放，最终造成雾霾污染的发生和扩展。破解生态环境与经济社会协调发展难题的关键在于优化能源结构，具体来讲，就是要降低煤炭消耗比例、增加清洁能源的供给、促进能源体系多元化发展，进而实现长期有效治霾。具体而言，可以从以下两个方面入手。一方面，在工业转型升级过程中，要加强替代性能源的使用，如水电、天然气、风能、太阳能、页岩气等清洁能源，逐步降低工业经济发展对煤炭能源的依赖性，积极开发清洁新能源和可再生能源，提高可再生能源利用比重，推动能源产业转型发展。另一方面，政府应当通过税收手段（提高煤炭资源税，提高对燃煤排放的各污染物收费标准）来纠正市场定价过低的问题，从而缓解煤炭生产和消费过度带来的雾霾污染问题。提升 SO_2 及氮氧化物的收费标准，同时还应提高烟尘排污费、硫酸雾排污费、粉尘排污费等征收标准。碳税、硫税收入可用于清洁能源投资，从而有利于改善我国煤炭占比过高的能源消费结构。

转变能源结构，设立现代化的能源体系，可以从源头上治理雾霾。由此

政府应积极建设现代能源体系，因地制宜利用可再生能源，形成清洁高效的能源结构。并且，创建能源互联网，借助人工智能技术，优化生产、输送、配送等跨区域能源。建设以用户为主导，供给与需求相互利用的能源机制，进而发展智慧节能，减少能源利用成本。同时，政府应利用以分布式能源为主，集中为辅的融合运用能源手段，提升能源配置相关效率，减少雾霾。例如，大力发展天然气发电、水电、热电与多联供等分布式能源，提升一次性能源中的清洁能源占比，强化能源清洁、高效率运用。另外，建立统一开放、竞争有序的现代能源市场体系。放开竞争性能源范畴与环节，实施统一市场准入制度，促使能源投资的多样化，积极支持民营经济进入能源领域。构建可再生能源配额制和绿色电力证书交易制度，完善能源市场管理机制。

逐步推进减煤换煤，加大北方地区的"煤改气""煤改电"。我国工业化和城市化均未完成，能源消费总量还处于递增阶段，在一段时间内仍然有继续增长的内在动力，煤炭在我国能源消费结构的比重达64%，远高于30%的世界煤炭消费平均水平。尽管清洁能源发展迅速，但还不足以替代煤炭，成为我国产业结构和经济发展的主导能源。既然以煤为主的能源结构还将持续一段时期，那么如何科学用煤，以及逐步推进减煤换煤，就变得至关重要。冬天是雾霾污染最严重的时期，煤炭的粗放利用也导致了雾霾污染的增加。为保障居民清洁采暖，应加强冬季污染治理，加大燃煤锅炉取缔力度；加快推进城中村、城乡接合部和农村地区的散煤治理；加大工业企业冬季错峰生产力度；提高行业排放标准；强化对"小散乱污"企业的整治；加强机动车排放治理等。积极改变传统燃煤供暖的模式，在北方加大"煤改气""煤改电"的推广，加快在居民采暖、工业与农业生产、交通运输等领域积极实施电能替代。积极推广可再生能源供热，加快推动太阳能利用、生物质利用步伐。

7.6　优化城市空间布局，加大土地利用管理力度

优化城市空间开发的结构布局，管控企业排污总量，加大土地利用的管

理力度。在治霾路径的选择上应充分考虑城市布局的合理优化，严格管控在区域主导风向上高排放、高污染企业的设立，有效推进绿色产业协调发展战略。首先，优化城市空间开发布局结构，遵循地形地貌、气象环境等基本自然条件，建设可持续生产发展的生态城市。大力发展城乡污水、垃圾处理中心等生活基础性建设，提升区域环境质量，为工业发展排放指标腾出更多空间。其次，坚决执行城市发展边界制度，防止城市发展的不断膨胀，超过当地的生态环境容量。最后，积极引导当地企业施行科学合理的排放体系标准。企业的污染物排放标准可进行流量管理和监控，即在经营许可证明中，条例分明地指出各企业大气污染物年排放总量，使其科学合理安排生产总量。从环境友好型土地利用模式的角度考虑，沿江河的城镇应增大生态用地面积，提升生态使用空间，保证农用地域有绿色植被覆盖，避免农田裸露，造成水土流失。

7.7 增加环境治理投资比重，提高环境治理效率

逐步增加环境污染治理投资比重，提高环境污染治理效率，优化环境污染治理投资结构。设立针对污染治理的专项计划，针对不同治理措施，合理利用资金的杠杆作用，充分调动各种社会资源的投入，为雾霾治理提供充足的资金保障。加大环境污染治理的力度，制定和完善环境污染治理投资的规划或计划，保证环境污染治理投资的规模以及环境污染治理投资增长的速度和稳定性。应以立法的形式明确规定政府环保投资占 GDP 的比重的下限，加大执法力度，保证污染企业提供足够的环保投入。提高环境污染治理投资的使用效率，发挥好资金在环境污染治理中的积极效用。同时，根据各地的实际经济情况以及环境污染状况来制定合适的、有差别的环境污染治理投资比重，比如雾霾较为严重的京津冀、长三角地区就应该大力提升环境污染治理投资。提高生态环境保护和基本公共服务的分配权重，增加生态环境保护投资在专项转移支付中的比重。摒弃"先污染后治理"的传统做法，重视生产过程中的污染生产，将环境污染治理模式由"末端治理"向"源头治理"改变。

7.8　调整外资准入门槛，合理优化外商投资结构

适时调整外资准入门槛，合理优化外商投资的结构，提升甄别外商投资的手段与能力。一如既往地吸引优质外资，将雾霾（PM2.5）作为新的污染指标纳入甄别优质外资的评价分析中。根据雾霾（PM2.5）污染程度和外资的区域差异进行全域规划，中西部地区在吸引外资时不能只看经济效应，也要注重环保效应。对于工业利用外资项目要设定一个低碳标准，严格限制一些能源消耗量大、环境污染严重的项目的准入。大力引进一些高附加值、低污染、低排放的外商投资项目，鼓励外资更多投向节能环保领域，促进"引资""引智"与"引技"有机结合，加快向低碳经济转型的进程。目前，外商向我国转移的产业中涉及高碳排放、高污染行业的比重过高，在下一阶段的引资过程中，应加大对外商投资的甄别，各地政府应以低碳绿色发展为目标，认真落实新修订的外商投资产业指导目录，大力度吸引高端制造业、低碳和新能源技术相关产业，以及金融、物流、信息技术等现代服务业的外资流入；限制外商企业在传统劳动、资本密集型、稀缺或不可再生的重要矿产资源领域的投资；对于环保不合格的外资企业，应坚决予以关闭并实施高成本的惩罚措施。总之，政府需要重视优化外商投资结构，提高对外资准入的质量评价标准，实现"治霾"和"引资"的双赢目标。

参 考 文 献

[1] 陈得文，苗建军．空间集聚与区域经济增长内生性研究——基于 1995～2008 年中国省域面板数据分析［J］．数量经济技术经济研究，2010（9）：82-93．

[2] 陈强，孙丰凯，徐艳娴．冬季供暖导致雾霾？来自华北城市面板的证据［J］．南开经济研究，2017（4）：25-40．

[3] 陈诗一，陈登科．能源结构、雾霾治理与可持续增长［J］．环境经济研究，2016（1）：59-75．

[4] 杜江，刘渝．城市化与环境污染：中国省级面板数据的实证研究［J］．长江流域资源与环境，2008（11）：825-830．

[5] 方时姣，周倩玲．产业结构、能源消费与我国雾霾的时空分布［J］．学习与实践，2017（11）：49-58．

[6] 傅十和，洪俊杰．企业规模、城市规模与集聚经济——对中国制造业企业普查数据的实证分析［J］．经济研究，2008，43（11）：112-125．

[7] 何枫，马栋栋．雾霾与工业化发展的关联研究——中国74个城市的实证研究［J］．软科学，2015（6）：110-114．

[8] 何小钢．结构转型与区际协调：对雾霾成因的经济观察［J］．改革，2015（5）：33-42．

[9] 黄茂兴，林寿富．污染损害、环境管理与经济可持续增长——基于五部门内生经济增长模型的分析［J］．经济研究，2013（12）：30-41．

[10] 黄寿峰．财政分权对中国雾霾影响的研究［J］．世界经济，2017（2）：127-152．

［11］ 胡宗义，刘亦文．能源消耗、污染排放与区域经济增长庸的空间计量分析 ［J］．数理统计与管理，2015，34（1）：1－9．

［12］ 姜磊，季民河．基于空间异质性的中国能源消费强度研究——资源禀赋、产业结构、技术进步和市场调节机制的视角 ［J］．产业经济研究，2011（4）：61－70．

［13］ 姜磊，周海峰，柏玲．外商直接投资对空气污染影响的空间异质性分析——以中国150个城市空气质量指数（AQI）为例 ［J］．地理科学，2018（3）：351－360．

［14］ 江笑云，汪冲．经济增长、城市化与环境污染排放的联立非线性关系 ［J］．经济经纬，2013（5）：42－47．

［15］ 金煜，陈钊，陆铭．中国的地区工业集聚：经济地理、新经济地理与经济政策 ［J］．经济研究，2006（4）：79－88．

［16］ 柯善咨，姚德龙．工业集聚与城市劳动生产率的因果关系和决定因素——中国城市的空间计量经济联立方程分析 ［J］．数量经济技术经济研究，2008，25（12）：3－14．

［17］ 冷艳丽，杜思正．产业结构、城市化与雾霾污染 ［J］．中国科技论坛，2015（9）：49－55．

［18］ 冷艳丽，杜思正．能源价格扭曲与雾霾污染——中国的经验证据 ［J］．产业经济研究，2016（1）：71－79．

［19］ 冷艳丽，冼国明，杜思正．外商直接投资与雾霾污染——基于中国省际面板数据的实证分析 ［J］．国际贸易问题，2015（12）：74－84．

［20］ 梁伟，杨明，张延伟．城镇化率的提升必然加剧雾霾污染吗——兼论城镇化与雾霾污染的空间溢出效应 ［J］．地理研究，2017（10）：1947－1958．

［21］ 李国璋，霍宗杰．中国全要素能源效率及其收敛性 ［J］．中国人口·资源与环境，2010（1）：11－16．

［22］ 李国璋，霍宗杰．中国全要素能源效率、收敛性及其影响因素——基于1995～2006年省级面板数据的实证分析 ［J］．经济评论，2009（6）：101－109．

［23］ 李国璋，江金荣，周彩云．转型时期的中国环境污染影响因素分析——基于全要素能源效率视角 ［J］．山西财经大学学报，2009（12）：32－39．

[24] 李力, 唐登莉, 孔英, 刘东君, 杨园华. FDI 对城市雾霾污染影响的空间计量研究——以珠三角地区为例 [J]. 管理评论, 2016 (6): 11 – 24.

[25] 刘伯龙, 袁晓玲, 张占军. 城镇化推进对雾霾污染的影响——基于中国省级动态面板数据的经验分析 [J]. 城市发展研究, 2015 (9): 23 – 27 + 80.

[26] 刘晨跃, 尚远红. 雾霾污染程度的经济社会影响因素及其时空差异分析——基于 30 个大中城市面板数据的实证检验 [J]. 经济与管理评论, 2017 (1): 75 – 82.

[27] 刘晨跃, 徐盈之. 城镇化如何影响雾霾污染治理?——基于中介效应的实证研究 [J]. 经济管理, 2017, 39 (8): 6 – 23.

[28] 刘强, 李平. 大范围严重雾霾现象的成因分析与对策建议 [J]. 中国社会科学院研究生院学报, 2014 (5): 63 – 68.

[29] 刘晓红, 江可申. 环境规制、能源消费结构与雾霾 – 基于省际面板数据的实证检验 [J]. 国土资源科技管理, 2016 (1): 59 – 65.

[30] 刘晓红, 江可申. 基于静态与动态空间面板模型分析城镇化对雾霾的影响 [J]. 农业工程学报, 2017 (20): 218 – 225.

[31] 刘晓红, 江可申. 我国城镇化、产业结构与雾霾动态关系研究——基于省际面板数据的实证检验 [J]. 生态经济, 2016 (6): 19 – 25.

[32] 刘修岩, 陈至人. 所有制影响企业从集聚中获得的收益吗?——来自中国制造业微观企业层面数据的证据 [J]. 世界经济文汇, 2012 (4): 1 – 14.

[33] 李晓燕. 京津冀地区雾霾影响因素实证分析 [J]. 生态经济, 2016 (3): 144 – 150.

[34] 李欣, 曹建华, 孙星. 空间视角下城市化对雾霾污染的影响分析——以长三角区域为例 [J]. 环境经济研究, 2017 (2): 81 – 92.

[35] 马丽, 刘卫东, 刘毅. 外商投资对地区资源环境影响的机制分析 [J]. 中国软科学, 2003 (10): 129 – 132.

[36] 马丽梅, 刘胜龙, 张晓. 能源结构、交通模式与雾霾污染——基于空间计量模型的研究 [J]. 财贸经济, 2016 (1): 147 – 160.

[37] 马丽梅, 张晓. 区域大气污染空间效应及产业结构影响 [J]. 中国

人口. 资源与环境, 2014, 24 (7): 157 – 164.

[38] 马丽梅, 张晓. 中国雾霾污染的空间效应及经济、能源结构影响 [J]. 中国工业经济, 2014 (4): 19 – 31.

[39] 马晓倩, 刘征, 赵旭阳, 田立慧, 王通. 京津冀雾霾时空分布特征及其相关性研究 [J]. 地域研究与开发, 2016 (2): 134 – 138.

[40] 马忠玉, 肖宏伟. 中国区域 PM2.5 影响因素空间分异研究——基于地理加权回归模型的实证分析 [J]. 山西财经大学学报, 2017, 39 (5): 14 – 26.

[41] 彭水军, 包群. 经济增长与环境污染——环境库兹涅茨曲线假说的中国检验 [J]. 财经问题研究, 2006 (8): 3 – 17.

[42] 屈小娥. 中国省际全要素能源效率变动分解——基于 Malmquist 指数的实证研究 [J]. 数量经济技术经济研究, 2009 (9): 29 – 43.

[43] 任继勤, 梁策, 白叶. 北京市终端能源消费与 GDP 及大气环境的关联分析 [J]. 北京交通大学学报 (社会科学版), 2015, 14 (1): 45 – 51.

[44] 茹少峰, 雷振宇. 中国城市雾霾天气治理中的经济发展方式转变 [J]. 西北大学学报 (哲学社会科学版), 2014 (3): 90 – 93.

[45] 邵帅, 李欣, 曹建华, 杨莉莉. 中国雾霾污染治理的经济政策选择——基于空间溢出效应的视角 [J]. 经济研究, 2016 (9): 73 – 88.

[46] 沙文兵, 石涛. 外商直接投资的环境效应——基于中国省级面板数据的实证分析 [J]. 世界经济研究, 2006 (6): 76 – 81.

[47] 沈能. 工业集聚能改善环境效率吗?——基于中国城市数据的空间非线性检验 [J]. 管理工程学报, 2014, 28 (3): 57 – 63 + 10.

[48] 沈能. 能源投入、污染排放与我国能源经济效率的区域空间分布研究 [J]. 财贸经济, 2010 (1): 107 – 113.

[49] 师博, 沈坤荣. 政府干预、经济集聚与能源效率 [J]. 管理世界, 2013 (10): 6 – 18.

[50] 史长宽. 雾霾对外商直接投资的影响——基于省级面板数据的经验研究 [J]. 中南财经政法大学学报 [J]. 2014 (4): 119 – 125.

[51] 宋马林, 王舒鸿. 环境规制、技术进步与经济增长 [J]. 经济研

究，2013，48（3）：122-134.

[52] 唐登莉，李力，洪雪飞. 能源消费对中国雾霾污染的空间溢出效应——基于静态与动态空间面板数据模型的实证研究 [J]. 系统工程理论与实践，2017（7）：1697-1708.

[53] 陶爱萍，杨松，张淑安. 空间效应视角下的财政分权与中国雾霾治理 [J]. 华东经济管理，2017（10）：92-102.

[54] 涂正革，刘磊珂. 考虑能源、环境因素的中国工业效率评价——基于 SBM 模型的升级数据分析 [J]. 经济评论，2011（2）：55-65.

[55] 王美霞. 雾霾污染的时空分布特征及其驱动因素分析——基于中国省级面板数据的空间计量研究 [J]. 陕西师范大学学报（哲学社会科学版），2017（3）：37-47.

[56] 王韶华，于维洋. 一次能源消费结构变动对碳强度影响的灵敏度分析 [J]. 资源科学，2013，35（7）：1438-1446.

[57] 王星. 城市规模、经济增长与雾霾污染——基于省会城市面板数据的实证研究 [J]. 华东经济管理，2016（7）：86-92.

[58] 王星. 雾霾与经济发展——基于脱钩与 EKC 理论的实证分析 [J]. 兰州学刊，2015（12）：157-164.

[59] 王喜平，姜晔. 环境约束下中国能源效率地区差异研究 [J]. 长江流域资源与环境，2013，22（11）：1419-1425.

[60] 魏楚，沈满洪. 能源效率与能源生产率：于 DEA 方法的省际数据比较 [J]. 数量经济技术经济研究，2007（9）：110-121.

[61] 魏巍贤，马喜立. 能源结构调整与雾霾治理的最优政策选择 [J]. 中国人口·资源与环境，2015，25（7）：6-14.

[62] 许和连，邓玉萍. 外商直接投资导致了中国的环境污染吗？——基于中国省级面板数据的空间计量研究 [J]. 管理世界，2012（2）：30-43.

[63] 杨奔，黄洁. 经济学视域下京津冀地区雾霾成因及对策 [J]. 经济纵横，2016（4）：54-57.

[64] 严雅雪，齐绍洲. 外商直接投资对中国城市雾霾（PM2.5）污染的时空效应检验 [J]. 中国人口·资源与环境，2017（4）：68-77.

[65] 严雅雪,齐绍洲.外商直接投资与中国雾霾污染 [J].统计研究,2017 (5):69 - 81.

[66] 余江,张凤青.煤炭消费对中国 PM2.5 污染影响的实证分析 [J].生态经济,2016,32 (7):163 - 167.

[67] 张浩然.空间溢出视角下的金融集聚与城市经济绩效 [J].财贸经济,2014 (9):51 - 61.

[68] 张明,李曼.经济增长和环境规制对雾霾的区际影响差异 [J].中国人口·资源与环境,2017 (9):23 - 34.

[69] 张生玲,王雨涵,李跃,张鹏飞.中国雾霾空间分布特征及影响因素分析 [J].中国人口·资源与环境,2017,27 (9):15 - 22.

[70] 张文静.大气污染与能源消费、经济增长的关系研究 [J].中国人口·资源与环境,2016,26 (S2):57 - 60.

[71] 张志辉.中国区域能源效率演变及其影响因素 [J].数量经济技术经济研究,2015 (8):73 - 88.

[72] 周景坤.从城市发展水平与年均降雨量的关系探究我国雾霾污染问题研究——基于 2013 年 73 个主要城市截面数据的分析 [J].干旱区资源与环境,2017 (8):94 - 100.

[73] 朱德米,赵海滨.环境约束下中国能源环境效率区域差异性分析 [J].南京社会科学,2016 (4):15 - 23.

[74] 朱相宇,乔小勇.北京环境污染治理分析及政策选择 [J].中国软科学,2014 (2):111 - 120.

[75] 朱英明,杨连盛,吕慧君,沈星.资源短缺、环境损害及其产业集聚效果研究——基于 21 世纪我国省级工业集聚的实证分析 [J].管理世界,2012 (11):28 - 44.

[76] Bilgen S. Structure and environmental impact of global energy consumption [J]. Renewable & Sustainable Energy Reviews, 2014, 38 (5): 890 - 902.

[77] Bossenoeuf D, Chateau B and Lapillone. B. Cross-country Comparison on Energy fficiency Indicators: The On-going European Effort Towards a Common Methodology [J]. Energy Policy, 1997, 25 (9): 234 - 252.

[78] Boussemart J P, Briec. W, Kerstens. K and Poutineau J C. Luenberger and Malmquist Productivity Indexes: Theoretical Comparisons and Empirical Illustration [J]. Bulletin of Economic Research, 2003 (55): 391 – 405.

[79] Chanmbers. R G, Fare R and Grosskope S. Productivity Growth in APEC Countries [J]. Pacific Economic Review, 1996 (1): 181 – 190.

[80] Christmann P and Taylor G. "Globalization and the Environment: Determinants of Firm Self-regulation in China", Journal of International Business Studies, 2001, 32 (3), 439 – 458.

[81] Chung Y H, Fare R, Grosskopf S. Productivity and Undesirable Output: A Directional Distance Function Approch [J]. Journal of Environmental Management, 1997 (51): 229 – 240.

[82] Ciccone A. Agglomeration-Effects in Europe [J]. European Economic Review, 2002, 46 (2): 213 – 227.

[83] Ciccone A, Hall R. Productivity and the Density of Economic Activity [J]. American Economic Review, 1996, 86 (1): 54 – 70.

[84] Fare R and Grosskopf S. Productivity Growth, Technical Progress, and Efficiency Change in Industrialized Countries [J]. American Economic Review, 1994, 87 (5): 1040 – 1044.

[85] Färe R, Grosskopf S Carl A and Pasurka Jr. Accounting for Air Pollution Emissions in Measures of State Manufacturing Productivity Growth [J]. Journal of Regional Science, 2001, 41 (3): 381 – 409.

[86] Frank A A M, et al. Urban Air Quality in Larger Conurbations in the European Union [J]. Environmental Modeling and Software, 2001, 16 (4): 399 – 414.

[87] Fujita M, Hu Dapeng. Regional Disparity in China 1985 – 1994: The Effects of Globalization and Economic Liberalization [J]. The Annals of Regional Science, 2001 (35): 3 – 37.

[88] Graff Zivin J. A., Neidell M. The Impact of Pollution on Worker Productivity [J]. American Economic Review, 2012, 102 (7): 2652 – 2673.

［89］ Grossman G, Krueger A. Environmental impacts of the North American Free Trade Agreement ［R］. NBER, working paper, 1991 （11）: 1 – 57.

［90］ He F, Zhang Q Z, Lei J S. Energy Efficiency and Productivity Change of China's Iron and Steel Industry: Accounting for Undesirable Output ［J］. Energy Policy, 2013, 54 （54）: 204 – 213.

［91］ Hosseini H M, et al. Spatial Environmental Kuznets Curve for Asian Countries: Study of CO_2 and PM2. 5 ［J］. Journal of Environmental Studies, 2011, 37, （58）: 1 – 3.

［92］ Hu J L, Wang S C. Total-factor Energy Efficiency of Regions in China ［J］. Energy Policy, 2006, 17 （34）: 3206 – 3217.

［93］ Jessie P H Poon, Irene Casasa and Canfei He. The Impact of Energy, Transport, and Trade on Air Pollution in China ［J］. Eurasian Geography and Economics, 2006, 47 （5）: 568 – 584.

［94］ Kirkulak B. B. Qiu, and Wei Y. , The Impact of FDI on Air Quality: Evidence from China ［J］. Journal of Chinese Economic and Foreign Trade Studies, 2011, 4 （2）, 81 – 98.

［95］ Liang F. Does Foreign Direct Investment Harm the Host Country's Environment? Evidence from China ［J］. Haas School of Business, 2006, UC Berkeley, working paper.

［96］ Maddison D. Modelling Sulphur Emissions in Europe: A Spatial Econometric Approach ［J］. Oxford Economic Papers, 2007 （59）.

［97］ Mi Z F, Pan S Y, Yu H, et al. Potential impacts of industrial structure on energy consumption and CO_2, emission: a case study of Beijing ［J］. Journal of Cleaner Production, 2014 （103）: 455 – 462.

［98］ Patterson M. G. What is Energy Efficiency? Concepts, Indicators and Methodological Issues ［J］. Energy Policy, 1996, 24 （5）: 377 – 390.

［99］ Prakash A and Potoski M. Racing to the Bottom? Trade, Environment Governance, and ISO 14001 ［J］. American Journal of Political Science, 2006, 50 （4）, 350 – 364.

［100］Rupasinghal A, et al. The Environmental Kuznets Curve for US Countries: A Spatial Econometric Analysis with Extensions ［J］. Papers in Regional Science, 2004, 83（4）: 407 – 424.

［101］Ushifusa U, Tomohara A. Productivity and Labor Density: Agglomeration Effects over Time ［J］. Atlantic Economic Journal, 2013（41）.

［102］Van Donkelaar. A, et al. Global Estimates of Exposure to Fine Particular Marrer Concentrations from Satellite-based Aerosol Optical Depth ［J］. Environmental Health Perspectives, 2010, 118（6）: 847 – 588.

［103］Verhoef E T and Nijkamp P. Externalities in Urban Sustainability: Environmental versus Localization-type Agglomeration Externalities in a General Spatial Equilibrium Model of a Single-sector Monocentric Industrial City ［J］. Ecological Economics, 2002, 40（2）: 157 – 179.

［104］Wang H J, Chen H P, Liu J. Arctic Sea Ice Decline Intensified Haze Pollution in Eastern China ［J］. Atmospheric and Oceanic Science Letters, 2015, 8（1）: 1 – 9.

［105］Wang H, Jin Y. Industrial Ownership and Environment Performance: Evidence from China ［J］. Environmental and Resource Economics, 2007, 36（3）: 255 – 273.

［106］Wang Z H, Zeng H L, Wei Y M. Regional Total Factor Energy Efficiency: An Empirical Analysis of Industrial Sector in China ［J］. Applied Energy, 2012, 97（9）: 115 – 123.

［107］Wu F, Fan L W and Zhou P. Industrial energy efficiency with CO2, emissions in China: A nonparametric analysis ［J］. Energy Policy, 2012, 49（1）: 164 – 172.

［108］Yang H Y. A Note on the Causal Relationship between Energy and GDP in Taiwan ［J］. Energy Economics, 2000, 22（3）: 309 – 317.

后　记

　　雾霾污染给民众的健康和社会经济发展带来了严重的威胁，社会经济因素尤其是过高的煤炭消费占比、粗放的工业发展模式等是导致雾霾污染形成的根本原因，因此我们在前期研究积累的基础上，选择我国雾霾污染的经济成因问题作为本书的研究内容。对于这个问题的研究，既需要区域经济学、产业经济学、环境经济学的相关理论知识，也需要计量经济学和经济统计学的实证方法，同时，需要收集整理大量的数据，综合运用多种方法和工具，这个过程异常的辛苦，非常的耗时，经过持续不断的努力，在团队的通力协作下，我们终于完成了本书的相关内容。

　　在此，我们由衷地感谢重庆工商大学博士生导师廖元和研究员多年来的悉心指导和培养，感谢重庆工商大学经济学院院长李敬研究员给予的指导和帮助。本书的撰写和出版得到了重庆工商大学经济学院朱莉芬教授、重庆工商大学《西部论坛》副主编易淼副教授、重庆工商大学数学与统计学院丁黄艳博士、上海财经大学任雪博士的帮助和支持，在此，我们表示深深的谢忱。

　　在本书撰写过程中，参考了同行专家学者的有关著作、论文，汲取了他们的研究方法和部分观点，在参考文献部分中均有体现，由衷感谢这些文献资料的作者们。

　　本书的出版得到了重庆工商大学长江上游经济研究中心、重庆工商大学经济学院的资助，得到了中国财经出版传媒集团和经济科学出版社的大力支持。在此，向他们的支持和付出表示由衷的感谢。

　　本书由任毅设计提纲并定稿，东童童设计计量模型，郭丰、邓世成参与整理数据和部分描述性统计分析，各章的执笔者为：第 1～3 章，任毅、郭丰；第 4～5 章，东童童、任毅；第 6 章，东童童、邓世成；第 7 章，任毅、郭丰。

　　因作者学识有限，书中难免有纰漏之处，敬请广大读者批评指正，不胜感谢！

作　者

2018 年 10 月